Ирина Дугина

Река Амур

Ирина Дугина

Река Амур

Взгляд гидролога

LAP LAMBERT Academic Publishing

Impressum / Выходные данные

Bibliografische Information der Deutschen Nationalbibliothek: Die Deutsche Nationalbibliothek verzeichnet diese Publikation in der Deutschen Nationalbibliografie; detaillierte bibliografische Daten sind im Internet über http://dnb.d-nb.de abrufbar.

Alle in diesem Buch genannten Marken und Produktnamen unterliegen warenzeichen-, marken- oder patentrechtlichem Schutz bzw. sind Warenzeichen oder eingetragene Warenzeichen der jeweiligen Inhaber. Die Wiedergabe von Marken, Produktnamen, Gebrauchsnamen, Handelsnamen, Warenbezeichnungen u.s.w. in diesem Werk berechtigt auch ohne besondere Kennzeichnung nicht zu der Annahme, dass solche Namen im Sinne der Warenzeichen- und Markenschutzgesetzgebung als frei zu betrachten wären und daher von jedermann benutzt werden dürften.

Библиографическая информация, изданная Немецкой Национальной Библиотекой. Немецкая Национальная Библиотека включает данную публикацию в Немецкий Книжный Каталог; с подробными библиографическими данными можно ознакомиться в Интернете по адресу http://dnb.d-nb.de.

Любые названия марок и брендов, упомянутые в этой книге, принадлежат торговой марке, бренду или запатентованы и являются брендами соответствующих правообладателей. Использование названий брендов, названий товаров, торговых марок, описаний товаров, общих имён, и т.д. даже без точного упоминания в этой работе не является основанием того, что данные названия можно считать незарегистрированными под каким-либо брендом и не защищены законом о брендах и их можно использовать всем без ограничений.

Coverbild / Изображение на обложке предоставлено: www.ingimage.com

Verlag / Издатель:
LAP LAMBERT Academic Publishing
ist ein Imprint der / является торговой маркой
OmniScriptum GmbH & Co. KG
Heinrich-Böcking-Str. 6-8, 66121 Saarbrücken, Deutschland / Германия
Email / электронная почта: info@lap-publishing.com

Herstellung: siehe letzte Seite /
Напечатано: см. последнюю страницу
ISBN: 978-3-659-59079-5

Река Амур. Взгляд гидролога

Сборник статей

Предисловие

В сборнике изложены некоторые материалы, накопленные автором за продолжительный период работы в области гидрологии на Дальнем Востоке России. В статьях кратко описаны основные темы, дающие представление о режиме одной из крупнейших рек мира, о системе государственных наблюдений Российской Федерации в бассейне Амура, о взаимодействии с коллегами Китайской Народной Республики. Однако, одной из основных причин написания этого сборника послужило выдающее амурское наводнение 2013 года. Причины его формирования, развитие и некоторые последствия этого масштабного гидрологического события описаны в последней статье.

Содержание   стр.

3

Река Амур

"Амур чрезвычайно интересный край. Берега до такой степени дики, оригинальны и роскошны, что хочется навеки остаться тут жить... Проплыл я уже по Амуру тысячу верст и увидел миллион роскошнейших пейзажей, голова кружится от восторга. Удивительная природа.

...Описывать такие красоты, как амурские берега, я совсем не умею; пасую перед ними и признаю себя нищим. Ну, как их опишешь? Представьте себе Сурамский перевал, который заставили быть берегом реки, - вот вам и Амур.

...Право, столько видел богатства и столько получил наслаждений, что и помереть теперь не страшно. Я в Амур влюблен. Охотно пожил бы на нем года два. И красиво, и просторно, и свободно, и тепло!"

А.П. Чехов

1. Общие сведения

Амур – река уникальная, но не только из-за ее размеров (она стоит в ряду крупнейших рек мира: площадь водосбора Амура 1 855 тысяч квадратных километров и протяжённость от слияния рр.Шилка и Аргунь 2824 километра а от истока Аргуни 4444км [1]). Бассейн Амура расположен в пределах нескольких государств, большая часть в России (около 54% площади бассейна) и Китае (около 44%) - рисунок 1.

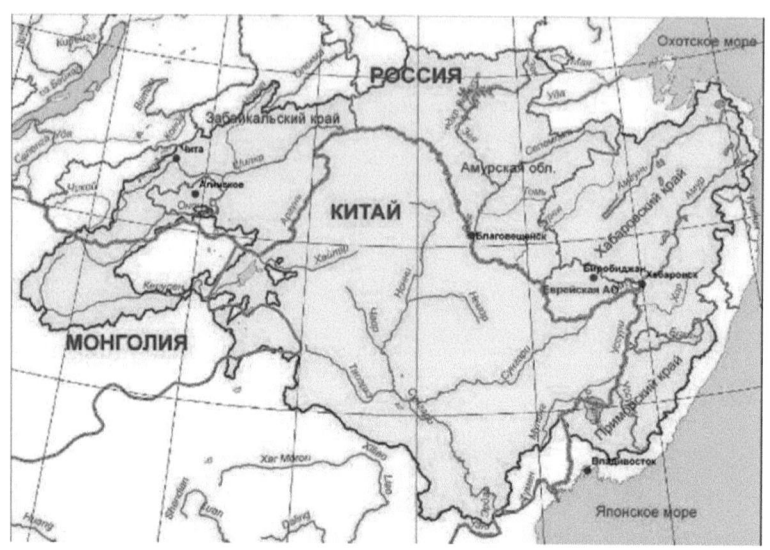

Рисунок 1. Бассейн р.Амур

Бассейн Амура расположен в нескольких климатических зонах: истоки его - в сухой континентальной Азии, затем – более увлажнённые районы и, наконец, область выраженного муссонного климата, где летом выпадает очень много дождей [2,3].

Из рек России Амур, таким образом, выделяется *особенностями гидрологического режима*: это единственная крупная река страны, где летом, в результате муссонных дождей, формируются высокие, продолжительные, порой катастрофические наводнения, охватывающие иногда весь бассейн. Практически каждый год на одном или нескольких притоках великой реки формируются опасные паводки, а при объединенных "усилиях" большинства притоков Амур выходит из берегов, вызывая затопления огромных, в том числе и обжитых территорий.

Первые сведения об амурских наводнениях встречаются в челобитной крестьян слободы Покровской (Верхний Амур), датированной 1682 годом, в которой они жалуются, что "проливные дожди все затопили, а сено водой разнесло".

Имеется много данных о катастрофических наводнениях в верховьях

Амура, на основных его притоках на территории России: р.р.Зее, Уссури в Х1Х веке. Так, в 1897 году на р.р.Ингоде и Шилке (верхняя часть бассейна Амура в Забайкальском крае) прошёл паводок, рекордный для Х1Х века. Паводок показал, что расчетные уровни высоких вод, принятые при проектировании Забайкальской железной дороги, были ошибочны, и при восстановлении поврежденных участков дороги ее полотно перенесли на более высокие отметки.

Муссонные дожди, особенно в юго-восточной части бассейна Амура (в горах Сихотэ-Алиня, в бассейне Уссури) сопровождаются ураганными ветрами, и картина наводнений там запоминается надолго. Вот как нарисовал ее известный путешественник и писатель Владимир Клавдиевич Арсеньев: " Дождь, туман, тучи – все это перемешалось между собой… В абсолютной тьме казалось, будто вместе с ветром неслись в бездну деревья, сопки и вода в реке, и все вместе с дождями образовало одну сплошную, с чудовищной быстротой движущуюся массу. На реку было страшно смотреть. От быстро бегущей воды кружилась голова…" [4].

Еще одна особенность формирования паводков на притоках Амура: они формируются несколько раз за летне-осенний период. Так, к примеру, в июле-августе 1928 года на притоках р.Зеи сформировалось несколько паводков, которые послужили причиной высокого наводнения на р.Зее и в среднем течении Амура, были затоплены десятки населённых пунктов. Большие бедствия наводнение причинило железной дороге [5].

Кроме летних наводнений, *ущерб приносят и заторы льда*, вызывающие подъемы воды до 10-12 м, главным образом в верховьях Амура. Наводнения заторного характера еще более опасны из-за резкого, интенсивного подъема воды и выноса льда на берега.

Река приносит стихийные бедствия, не зная границ: Амур - самая протяженная "речная" граница между двумя государствами (и в этом – тоже ее уникальность): государственная граница между Россией и Китаем проходит по Аргуни, Амуру и Уссури на протяжении более 4 тысячи км.

Население обеих стран – и России, и Китая издавна страдали от нашествий великой реки, которая недаром в Китае зовётся Хэйлунзцян – река Черного Дракона.

Естественно, что для уменьшения ущерба от натиска стихии необходимо принимать защитные меры, для чего надо знать с максимальной заблаговременностью о предстоящих событиях. Не изучив досконально все особенности реки и ее бассейна, это сделать невозможно.

2. Краткая характеристика гидрологического режима

По характеру строения долины и русла, по условиям протекания Амур принято делить на три части – Верхний, Средний и Нижний (таблица 1).

Таблица 1

Принятое деление Амура на участки

Название участка	Начало	Конец	Длина (км)*
Верхний Амур	Слияние рр.Шилка и Аргунь	Благовещенск (Амурская область)	896
Средний Амур	Благовещенск (Амурская область)	Хабаровск (Хабаровский край)	994
Нижний Амур	Хабаровск (Хабаровский край)	устье	930

*Длина приведена по данным «Гидрологической изученности т.18 вып.1 Амур, 1966г», пояснение к табл.2, стр.242.

Характеристика основных притоков и водосборных площадей приведена в таблице 2.

Характеристика основных притоков и водосборных участков р.Амур
в естественных условиях

Река (участок)	Площадь водосбора		Расход воды среднегодовой	
	км^3	% от Амура / % от Амура у Хабаровска	м^3/с	% от Амура / % от Амура у Хабаровска
Амур	1 855 000		10 400*	
Амур - Хабаровск	1 630 000		8 340	
Зея	233 000	12.6/14.3	1 750	15.8/20.1
Зея (участок выше плотины)	82 400	4.5/5.1	750	6.7/8.9
Бурея	70 700	3.8/4.3	900	8.1/10.7
Бурея (участок выше плотины)	65 200	3.5/4.0	882	7.9/10.5
Сунгари	544 800	29.4/33.4	(2 110)	19.0/25.1
Уссури	193 000	10.4/11.8	1 070	9.6/12.7
Верхний Амур	493 000	26.7/30.2	1 520	13.7/18.1

*Величины среднегодового расхода приведены по данным «Многолетних справочных данных» (МДС) по 2010г.

На территории Российской Федерации в бассейне Амура есть два крупных водохранилища, образованные плотинами Зейской и Бурейской ГЭС. В таблице 3 представлена характеристика водохранилищ на рр.Зея и Бурея.

Характеристики водохранилищ в бассейне Амура (территория РФ) [6,7]

Река	Площадь водосбора, кв. км	Площадь зарегулированного водосбора, кв.км	Регулирование стока	Год ввода ГЭС на полную мощность
Зея	233 000	82 400	Многолетнее	1980 (конец июля)
Бурея	70 700	65 200	Сезонное	2008

В зимний период над материковой частью Приамурья за счёт особенностей циркуляции атмосферы создаются в основном благоприятные условия для антициклогенеза. Соответственно, в холодный период (ноябрь-март), выпадает всего около 50-70 мм осадков.

Летом распределение давления становится противоположным зимнему. Основные воздушные потоки перемещаются с юга и юго-востока и представляют собой летний муссон, наибольшего развития который достигает в бассейне Амура в конце июля-августе. Обильные осадки дают так называемые полярно-фронтовые циклоны, иногда на их активизацию оказывают влияние тайфуны.

Из краткой характеристики климата следует, что основным видом питания Амура является дождевое (60-85% общего объёма). Именно оно определяет его многоводность в теплый период года с мая по октябрь). На снеговое питание приходится 5-20%, на подземное 10-20%.

Вскрытие рек бассейна проходит в апреле-первой половине мая. В это время на отдельных участках Амура (в основном в верхнем и в нижнем его течении) могут формироваться заторы льда, в том числе и опасные. Величина подъёма воды при вскрытии реки уступает повышению уровня при дождевых паводках, лишь на Нижнем Амуре максимальные годовые уровни часто отмечаются весной.

В мае-июне формируется половодье, как правило, смешанного происхождения – снего-дождевое, за счёт таяния снега в горах и дождей, которые в мае бывают достаточно интенсивными. Летняя межень бывает невыраженной, хотя в маловодные годы она растягивается на июнь-первую половину июля. Часто на общую волну половодья накладываются волны дождевых паводков. Именно дождевые паводки приводят к обширным затоплениям. И надо сказать, что из-за большой площади водосбора, сложной орографии и особенностей выпадения осадков ни одно наводнение не похоже на другое.

Сток реки за многолетний период колеблется в больших пределах. Зимой (до регулирования стока р.Зеи) расход воды у г.Хабаровска иногда снижался до 150-200 м^3/с, а в многоводные годы максимальный дождевой паводочный расход достигал величины около 50 000 м^3/с (2013г.).

3. Историческая справка

Автор записи «Сказания о великой реке Амуре, которая разгранила русское селение с Китайцы » И.Г.Спафарий так описывал Амур: «Оная великая и преименитая река Амур. Хотя у древних земнописателей нигде о ней слуху не отозвалося и в описании не обреталось, но мы ее … напишем пространно за величество ее; понеже она величиною не токмо паче сибирских рек, но вяще всех на свете обретающихся» [8].

Обследование речных систем Сибири и Дальнего Востока началось в 80-х годах XVI века, когда Ермак, покорив Сибирское царство, открыл свободный путь на восток.

Стремлению русских на восток благоприятствовали особенности гидрографической сети: Обь, Енисей и Лена имеют меридиональное направление течения, а их притоки, так же как и Амур – в общем широтное. Это позволяло землепроходцам быстро проникать из одной речной системы в другую и облегчало возможность создания Великого Сибирского водного пути.

В 1636 году Максим Перфильев сделал первую попытку проникнуть на Амур по Витиму – правому притоку Лены, но эта попытка была неудачной, ему удалось подняться лишь до устья реки Ципа.

В 1639 году партия из 31 якутского и красноярского казаков во главе с Иваном Москвитиным по рекам Лене, Алдану, далее по Мае, Юдоме и Улье спустилась к Охотскому морю. Москвитин был первым русским, достигшим Тихого океана. Достигнув побережья Охотского моря, отряд Москвина предпринял попытку пробиться к Амуру, однако экспедиция потерпела неудачу [9]. Интересно, что Иван Москвитин писал : «..и те натканы живут у Ламы (*Охотского моря),* промежду рек в стрелке, а те товары идут со иной реки: и серебро, и медь, и одекуй, и кумачи. Река есть Амур…» [10] – то есть о возможности выхода из Амура в море и плавании в Китай и Японию.

В 1643 году отряд из 132 человек под начальством письменного головы Василия Пояркова отправились из Якутска на Амур. Плыли по Лене, Алдану, Учуру, Гонаму, потом волоком через Становой хребет, вышли на Зею, спустились по ней до Амура и далее – до устья великой реки. Возвращались в Якутск «северным» путем: Охотским морем до устья Ульи и, перевалив через Джугджур, - по Мае, Алдану и Лене [11]. Это путешествие длилось три года, «рекам были сделаны чертежи, виденное и слышанное описано». Поярков был первым русским путешественником, совершившим плавание по Амуру и Тихому океану.

В 1649 году землепроходец и промышленник Ерофей Хабаров отправился из Якутска на Амур более коротким путем, указанным тунгусами: по Лене до устья Олекмы и далее по Тунгиру. Перевалив через Становой хребет, он вышел на Урку, а по ней на Амур [11]. Хабаров привез «чертеж» Амура, к сожалению, не сохранившийся.

Интересно отметить, что хорошо составленные и немногословные донесения Пояркова и Хабарова были переведены на голландский язык амстердамским географом Николасом Витсеном при составлении в 1692 году географического описания России.

В 1652 году казачий десятник Никита Прокофьев был послан на Амур специально для составления описания реки.

Подробное исследование Приамурья началось одновременно с заселением и освоением Дальнего Востока, причем изучение проходило очень быстро – этого требовала политическая обстановка середины прошлого века, необходимость укрепления восточных рубежей России. Эта необходимость повлекла за собой знаменитые «амурские сплавы» (первый состоялся в 1854 году) – солдаты и казаки оседали на срочно создаваемых военных постах, а следом двигались крестьянские переселенцы. В составе первых сплавов были и ученые, натуралисты, том числе и знаменитые геологи Н.П.Аносов, Г.М.Пермикин, биолог Р.К.Маак, географ М.И.Венюков, натуралист Г.И.Радде, путешественник Н.М.Пржевальский. Амурской экспедицией 1848-1855г.г. под руководством Г.И.Невельского были установлены островной характер Сахалина и проходимость устья Амура для больших судов.

Эти ученые вели разносторонние наблюдения: выполняли топографические работы, составляли подробные описания рельефа, описывали реки и речки, измеряли скорости течений, глубины… исследования проводились комплексно. Многие лишения претерпевали первопроходцы, и за первые десятилетия был собран громадный материал, часть которого еще не обработана вполне и до сих пор.

Несмотря на высокие темпы изучения Приамурья, работы проводились очень тщательно – натуральные наблюдения вели действительно крупные, высококвалифицированные специалисты. Вряд ли в каком-то еще, сравнимом с Приамурьем, районе России работало столько авторитетных естествоиспытателей.

Еще одна причина высокой результативности исследований – привлечение к работам местного населения, а также использование накопленных им знаний. Лучшие следопыты-аборигены были проводниками экспедиций – кому не знакомы, к примеру, арсеньевский Дерсу Узала или федосеевский Улукиткан – символы следопытского искусства.

В конце XIX века наиболее важные исследования рек были выполнены ведомством путей сообщения: в 1874 году, когда на пост министра путей сообщения был назначен видный гидрограф адмирал К.Н.Посьет, по его инициативе была создана комиссия, позже названная Навигационно-описной.

Важно отметить, что описание рек велось не только по распоряжению Министерства, а на Дальнем Востоке – по инициативе Управления водных путей Амурского бассейна. Проводились и экспедиционные изыскания, возглавляли которые видные ученые-гидрологи. В начале XX века вышло издание «Инструкций для исследования водных путей». Ежегодно с 1912 по 1916 годы публиковалась серия «Материалы для описания русских рек и истории улучшения их судоходных условий»; в число наиболее значительных входит и очерк С.И.Петропавловского по Нижнему Амуру. В этом труде, кроме подробного описания судоходного состояния Нижнего Амура, дан хороший физико-географический очерк этого участка реки, представлены гидрографические материалы, данные полевых исследований 1903-1904гг. [12].

К обобщенным гидрографическим работам, изданным Русским географическим обществом, относится и полная сводная гидрография Амурского бассейна в «Трудах Амурской экспедиции», работавшей в 1910-1913 гг. под начальством Н.Гондатти. Последняя была организована «согласно Высочайше утверждённому 27 октября 1909 года постановлению Совета Министров» [13]. В Первую часть общего отчёта дорожного отряда экспедиции входит подробнейшая характеристика орографии бассейна Амура, описание его климата, морфологические, морфометрические характеристики, описание притоков Амура, пойменных озёр. Этот фундаментальный труд представляет собой бесценный материал, в том числе для гидрологов.

4. Систематические гидрологические наблюдения

Одновременно с развитием гидрографических работ Министерство путей сообщения (МПС) приступило к организации систематических стационарных наблюдений на реках.

1876 год, когда Навигационно-описной комиссией МПС была одобрена программа наблюдений за уровнем воды и основные правила размещения постов, предложенные П.А.Фадевым, стал годом начала русской водомерной сети. Посты были разделены на 3 разряда: I разряд – трехсрочные наблюдения (7, 13 ,21ч.) в течение всего года за уровнем воды, состоянием погоды, сведения о фактической навигации; II разряд – те же наблюдения 1 раз в сутки (7ч.) в период от весеннего ледохода до ледостава; III разряд – наблюдения с момента появления мелей, причем только наблюдения за уровнем воды. Посты были двух типов – реечный и свайный. В 80-х годах XIX века появились и первые зарубежные самописцы [14].

В конце XIX века начались наблюдения и за температурой воды, ледовыми явлениями (зажоры и заторы льда), а также планомерное измерение расходов воды.

В 1894-1896гг. были открыты первые водомерные посты на Амуре: Покровское, Албазин, Черняево, Кумарское, Благовещенск Поярково, Иннокентьевское, Екатерино-Никольское, Михайло-Семеновское, Хабаровск; на Шилке: Сретенск, Горбицы; на Уссури: Графское, Козловское.

Одновременно с ведомством путей сообщения исследованиями русских рек — преимущественно средних и малых — занималось и ведомство государственных имуществ и земледелия. Партиями Отдела земельных улучшений в Приамурье изучались реки Амуро-Зейского района и притоки Уссури.

Исследования рек проводились также Академией наук, Русским географическим обществом, Главной физической обсерваторией и другими учреждениями, а также и отдельными лицами.

В 1902 году для унификации водомерных наблюдений при Академии наук была учреждена Постоянная водомерная комиссия с участием заинтересованных ведомств. Водомерная комиссия существовала до 1920 года, когда ее функции были переданы Российскому гидрологическому институту – с

1926 года – Государственному гидрологическому институту (ГГИ). Решение о его учреждении было принято Народным комиссариатом просвещения 19 июня 1919 года. С 1930 года, после образования Гидрометеорологического комитета при Совете Народных Комиссаров СССР, институт был передан в его ведение и утвержден в качестве учреждения всесоюзного значения [15].

Изучение рек, как сказано выше, было необходимо и для организации предупреждений о наводнениях. История этого вопроса восходит к древнему Египту, когда делались попытки прогноза урожаев по уровню воды в Ниле.

В 1854 году инженером Бельгроном были начаты обширные наблюдения за режимом Сены с целью предсказания уровней воды в Париже.

В 1882 году в своей знаменитой статье «Реки России» А.И.Воейков поставил вопрос о практической важности гидрологических прогнозов.

В 1894 году Казанским округом путей сообщения был выпущен первый не только в России, но и в мире прогноз ожидаемой глубины на перекатах Волги. Таким образом, становится ясным то обстоятельство, что одним из самых главных потребителей гидрологической информации и прогнозов был и остается водный транспорт.

В начале XX века продолжала, хотя и медленно, расти сеть водомерных постов (в ведомстве путей сообщения). Кроме того, партии Управления водных путей Амурского бассейна проводили в 1911-1915гг. исследования Верхнего Амура, Амгуни, Селемджи, Буреи, Уссури, Аргуни, Депа, Гилюя, Уркана и других рек.

Первая мировая, а затем и гражданская войны приостановили развитие гидрологической сети и изучение рек.

В июне 1921 года новой властью был принят «Декрет об организации метеорологической службы в РСФСР», а в 1929 году была учреждена единая гидрометеорологическая служба СССР. Гидрологическая сеть при этом объединялась с метеорологической и входила в состав единой гидрометеорологической сети. До конца 70-х годов происходил бурный рост наблюдательной сети. В 90-е годы XX века сокращение числа гидрометеорологических станций и постов в связи со сложной экономической обстановкой в стране составило около 30 %. В начале XXI века ситуация начала меняться в лучшую сторону.

Амурские наводнения не являются сюрпризами для населения, организации Росгидромета несут свою службу.

В конце XX века одним из запоминающихся было наводнение 1998 года.

5. Наводнение 1998 года

5.1. Особенности лета

Лето 1998 года характеризовалось устойчивым антициклоном сначала над Охотским морем, а затем над северными и центральными районами Хабаровского края. Этот антициклон играл блокирующую роль. Ситуация во второй половине лета усугублялась и лесными пожарами над обширной территорией края.

Циклонические системы, смещавшиеся с запада, таким образом, стационировали над Забайкальем и верховьями р.Нонни – основным притоком р.Сунгари – в северо-западной части провинции Хэйлунцзян в Китае.

Следовательно, на реках Читинской области и в бассейне р.Сунгари были созданы предпосылки для формирования опасных паводков.

Смещение верхнеамурского паводка (сформированного паводками рек Читинской области повторяемостью в среднем один раз в 30-50 лет) в августе 1998 года шло без поддержки основных левобережных притоков – р.р.Зеи и Буреи. На Верхнем Амуре выше впадения р.Зеи в Амурской области паводок категории ОЯ проходил с затоплением поймы на глубину 2-3 метра и, следовательно, с затоплением основных сельхозугодий. Предупреждение о данном паводке было дано с заблаговременностью 5-8 дней. Из зоны затопления своевременно был убран скот и сельскохозяйственная техника.

На Амуре в Амурской области ниже впадения р.Зеи глубина затопления поймы составляла 0.5-1.0м., угрозы населенным пунктам и объектам экономики не было.

Но в начале августа сформировалось катастрофическое наводнение в верховьях р.Нонни (основной приток р.Сунгари) в Китае.

С 1 июня по вторую декаду августа в бассейнах рек Нэньцзян и Сунгари постоянно шли дожди, порой грозовые. Среднее количество осадков в этих бассейнах составило 500-730мм. В районе станции Угунли на реке Ялу количество осадков достигло 1010 мм. По сравнению с соответствующими периодами прошлых лет их количество превысило норму в 2-3 раза. Наибольшее количество осадков выпало 24-28 июля и 4-10 августа. Эти два периода вызвали в бассейнах рек Нэньцзян и Сунгари большие наводнения.

Из-за обильных осадков на 13 гидрометрических постах на р.р.Нэньцзян и Сунгари зарегистрированы самые высокие за всю историю наблюдений в этих местах уровни воды. В среднем течении р.Сунгари у г.Харбина 22 августа был отмечен уровень воды, превысивший самый высокий за весь период наблюдений (150 лет). Далее вниз по течению сунгарийский паводок смещался, трансформируясь, без поддержки основных притоков в нижнем течении (максимальные уровни – ниже самых высоких, здесь наблюдавшихся, на величину около полуметра)*.

(*Данные Управления провинции Хэйлунцзян по гидрологии и изысканиям водных ресурсов. 28.08.98).

5.2. Особенности прогнозирования паводков в 1998 году и принятые меры

Специалисты Дальневосточного УГМС, анализируя фактическую ситуацию на реках бассейна р.Сунгари, а также очень важный для российской стороны прогноз китайских коллег, уже в конце второй декады августа понимали, что паводок на р.Сунгари будет носить катастрофический характер. Соответственно, совмещение верхнеамурского и сунгарийского паводков должно было вызвать наводнение и на Амуре. Информация об уровнях р.р.Нонни и Сунгари, а также об осадках в бассейнах этих рек, поступает в Дальневосточное УГМС ежедневно, согласно договоренностям о международном обмене. Время добегания от г.Харбина до впадения р.Сунгари в Амур - 8 суток.

19 августа было дано первое предупреждение о формировании опасного паводка на Амуре ниже впадения р.Сунгари в местные органы власти, штабы по делам ГО и ЧС, а также, в соответствии с руководящими документами – в Росгидромет и в Гидрометцентр России.

Наиболее опасным паводок ожидался в Ленинском и Смидовичском районах Еврейской автономной республики (ЕАО) - ниже впадения р.Сунгари, далее - у Хабаровска и ниже по течению - категории опасного явления (ОЯ) без существенной угрозы населенным пунктам, но с полным затоплением поймы, сенокосов, сельхозугодий и дачных участков у населенных пунктов, особенно у Хабаровска.

Данные о прогнозах и характеристики паводка Амура приведены в таблице 4 (уровни в см над нулём графиков постов).

Таблица 4

Характеристики паводка на Амуре в 1998 году

Река	пункт	дата составления	Прогноз		Фактический		Заблаговременность	Максимальный за период наблюдений	
			Уровень,	дата	Уровень,	дата			
							сутки	уровень	год
Амур	Ленинск	19.08	800-850	24-26. 08	870	29.08	10	935	1984
	Хабаровск	19.08	450	1-5.09.	524	4.09	15	624	1897
Уточнение 1									
Амур	Ленинск	21.08	850-870	28-29. 08	870	29.08	8	935	1984
	Хабаровск	21.08	500	3-5.09.	524	4.09	15	624	1897
Уточнение 2									
Амур	Ленинск	24.08	870	29.08	870	29.08	5	935	1984
	Хабаровск	24.08	500	2.09.	524	4.09	10	624	1897
Уточнение3									
Амур Хабаровск		31.08	520	4.09	524	4.09	4	624	1897

Как и предполагалось, наибольшему затоплению подвергался густонаселённый Ленинский район, где населённые пункты в основном расположены в пойме реки.

После прохождения самого высокого за последние годы дождевого паводка летом 1984 года, были проведены большие работы по поднятию дороги с.Ленинское - с.Амурзет. Эта дорога выполняла в 1998 году и роль защитной дамбы, удерживающей паводочные воды от затопления населенных пунктов.

Отсутствие регулярного осмотра и поддержания защитных сооружений (дамб, дорог, водопропусков) в надлежащем состоянии привело к возможной угрозе проникновения паводочных вод к населённым пунктам.

После предупреждения во всех возможных местах прорыва (размыва, перелива) велись работы по подсыпке и укреплению дамб. Всего было отсыпано 111500 куб.м, уложено >15 тысяч мешков с грунтом.

Благодаря проведению работ по защите от наводнения, населенные пункты не подвергались затоплению и подтоплению.

Наиболее пострадало от наводнения сельское хозяйство нескольких районов, были затоплены поля и сеноугодья. Некоторые объемы заготовленного сена были вывезены в незатопляемые места, проводились работы по спасению урожая, выводу скота с затопляемых пастбищ и животноводческих лагерей, выводу техники.

У Хабаровска при отметке уровня Амура около 500 см наибольший ущерб наносится садово-огородным участкам (около 25 тысяч) на левом берегу Амура, урожай с которых, благодаря предупреждениям, был собран и вывезен.

В Хабаровске были приняты меры по выводу строительной техники с пойменных участков строительства автомобильной эстакады и подъездных путей к мосту через Амур.

Кроме того, все организации, могущие понести ущерб от ожидаемого паводка, были также предупреждены.

Особо необходимо отметить в данной ситуации роль средств массовой информации: специалисты-гидрологи регулярно выступали по телевидению, радио, озвучивая прогнозы и предупреждения, что помогло, в частности, спасти выращенный населением на садово-огородных участках урожай.

Резюмируя вышесказанное, можно отметить, что прогноз наводнения с заблаговременностью около полумесяца, позволил принять соответствующие меры и дал экономический эффект около 45 миллионов рублей.

Гидрологические прогнозы базируются в первую очередь на оперативных гидрометеорологических данных, которые поступают в организации Росгидромета с обширной наблюдательной сети. О ней пойдёт речь в следующей статье.

Список литературы

1. Ресурсы поверхностях вод СССР. Гидрологическая изученность. Т. 18. Дальний Восток. Выпуск 1. Амур. Гидрометеоиздат. Ленинград. 1966г.

2. Ресурсы поверхностных вод СССР. Т.18. Дальний Восток. Выпуск 1. Верхний и Средний Амур. Гидрометеоиздат. Ленинград. 1966г.

3. Ресурсы поверхностных вод СССР. Т.18. Дальний Восток. Выпуск 2. Нижний Амур. Гидрометеоиздат. Ленинград. 1970г.

4. Арсеньев В.К. По Уссурийскому краю. Хабаровск.1969г.

5. Дальневосточное краевое гидрометеорологическое бюро. Материалы по гидрологии Дальневосточного края. Том 1. Издание Дальневосточного краевого гидрометеорологического бюро. Владивосток. 1930г.

6. Государственный водный кадастр. Ежегодные данные о режиме и ресурсах поверхностных вод суши. 1985г. Часть 2. Озера и водохранилища. Том 1, РСФСР, выпуск 19. Обнинск. ВНИИГМИ-МЦД. 1986г.

7. Правила использования водных ресурсов Бурейского водохранилища на р.Бурее. ОАО «Ленгидропроект». Санкт-Петербург. 2009г.

8. Сказание о великой реке Амуре, которая разгранила русское селение с Китайцы». Спасский Г.Сведения о реке Амуре в XVII столетии/Вестник Русского географического общества. 1853. Ч. VII, отд.2.

9. Колумбы земли русской. Сборник документальных описаний об открытиях и изучении Сибири, Дальнего Востока и Севера в XVII-XVIII вв. Хабаровское книжное издательство. 1989г.

10. Роспись рекам и имяна людям, на которой реке которые люди живут…Степанов Н.Н.. Первая экспедиция русских на Тихий океан //Известия Всесоюзного географического общества. Т.75, вып.2. Москва. 1943г.

11. Твой родной край. Составитель А.Е.Тихонова. Хабаровское книжное издательство. 1982г.

12. Материалы для описания русских рек и истории улучшения их судоходных условий. Выпуск XVIII. Нижнее течение р.Амура от г.Хабаровска до г.Николаевска. Составил инженер С.Петропавловский. С-Петербург, Типография Министерства Путей Сообщения (Товарищества И.Н.Кушнерев и К^0). Фонтанка, 117. 1907г.

13. Труды Командированной по Высочайшему повелению Амурской экспедиции. Выпуск XII. Общий отчёт дорожного отряда. Водные пути. С.-Петербург. Типография Морского Министерства в Главном Адмиралтействе. 1913г.

14. Зайков Б.Д. Очерки гидрологических исследований в России. Ленинград. 1973г.

15. Очерки по истории гидрометеорологической службы России. Санкт-Петербург, Гидрометеоиздат. 1999г.

Систематические гидрологические наблюдения в бассейне Амура

Введение

Полномочия по наблюдениям в области гидрометеорологии и мониторинга окружающей среды наше государство возложило на Федеральную службу по гидрометеорологии и мониторингу окружающей среды (Росгидромет). Состав государственной наблюдательной сети, виды и программы наблюдений регламентируются российскими нормативными документами. Вместе с тем, наши пункты наблюдений являются частью глобальной сети, и работа организована в соответствии с международными стандартами и рекомендациями Всемирной метеорологической организации. Работы в области гидрометеорологии и мониторинга окружающей среды должны быть лицензированы. Росгидромет в мировой практике является одной из немногих [1] государственных служб, в полномочия которой входят работы в области и метеорологии, и гидрологии, и мониторинга загрязнения окружающей среды.

При планировании и организации наблюдательной сети в бассейне реки Амур учитываются особенности этой великой реки. Амур входит в первую десятку крупнейших рек мира, являясь самой протяжённой речной границей. Около половины площади бассейна занимает Россия. В нашей стране Амур протекает по территории пяти административных субъектов – Забайкальского края, Амурской и Еврейской автономной областей, Хабаровского и Приморского краёв.

Бассейн реки расположен в нескольких климатических и ландшафтных зонах. Огромные территории находятся в труднодоступных районах. Большая часть бассейна находится в зоне дальневосточного муссонного климата, где летом выпадает очень много дождей, и формируются высокие летние паводки.

1. Гидрологические наблюдения

1.1. Задачи, состав гидрологической сети

Наземная гидрологическая наблюдательная сеть входит в состав общей наземной государственной наблюдательной сети и решает следующие задачи:

• проведение регулярных гидрологических наблюдений, в том числе за опасными гидрологическими явлениями (ОЯ);

• выполнение первичной обработки результатов гидрологических и связанных с ними наблюдений;

• передачу в установленном порядке оперативной информации о фактическом состоянии водных объектов;

• обеспечение в установленном порядке органов государственной власти, отраслей экономики, а также населения информацией о фактическом состоянии водных объектов на суше, прогнозами и предупреждениями, получаемых от прогностических органов Росгидромета.

Наблюдательными подразделениями являются гидрологические станции и посты, мобильные гидрологические лаборатории. Программы наблюдений на постах могут быть различными (таблица 1). Гидрологические станции обеспечивают руководство прикреплёнными постами, контролируют правильность наблюдений. При помощи мобильных гидрологических лабораторий проводится комплекс сложных гидрометрических работ, в частности, при наличии автомобильных дорог – измерение расходов воды.

Таблица 1

Наблюдения и работы на гидрологических постах (ГП)

Вид поста	Наблюдения	Работы
Уровенный	за уровнями воды, за температурой воды; за явлениями ледового режима (визуально); за толщиной льда, шуги и высотой снега	

	на льду; за распространением водной растительности (визуально); за уклоном водной поверхности; за метеорологическими характеристиками (по программе дополнительных работ).	
Стоковый	за уровнями воды, за температурой воды; за явлениями ледового режима (визуально); за толщиной льда, шуги и высотой снега на льду; за распространением водной растительности (визуально); за уклоном водной поверхности; за метеорологическими характеристиками (по программе дополнительных работ).	определение расходов воды; определение расходов взвешенных наносов: отбор единичных проб воды на мутность; отбор проб воды для определения гранулометрического состава взвешенных наносов; отбор проб грунта для определения гранулометрического состава донных наносов.
гидрохимический		отбор проб для определения химического состава.

Данные наблюдений передаются в организации Росгидромета для анализа их достоверности. После исправления ошибок, систематизации по установленным формам материалы наблюдений передаются в конечном итоге в Государственный водный реестр. По российскому законодательству за ведение Реестра отвечает Федеральное агентство водных ресурсов [2].

1.2. Современное состояние гидрологической сети

Гидрологическая сеть Приамурья является одной из старейших, хорошо развитых сетей в мире, которая прошла более чем 100-летний путь своего развития. Систематические наблюдения в бассейне Амура начались в конце 19 века. В 1894-1896гг. были открыты первые водомерные посты на Амуре: Покровское, Албазин, Черняево, Кумарское, Благовещенск Поярково, Иннокентьевское, Екатерино-Никольское, Михайло-Семеновское, Хабаровск; на Шилке: Сретенск, Горбицы; на Уссури: Графское, Козловское.

Количественный и качественный состав гидрологической сети России и ее техническое оснащение до 1985 г. вполне соответствовали мировому уровню. С 1991 г. в связи с политической реформой и переходом на рыночную экономику финансирование гидрологической сети существенно уменьшилось, что привело к ее сокращению в целом по стране на 30,3%.

Средняя плотность наблюдательной гидрологической сети в европейской части России составляет около 2800 км²/пост, в азиатской части - 8110 км²/пост. Плотность гидрологической сети в бассейне Амура - 7240 км²/пост. Количество действующих пунктов с детализацией по бассейнам представлено в таблице 2.

Нельзя не сказать о том, что для анализа гидрологического режима, для целей гидрологических прогнозов используются и данные различных метеорологических подразделений (их в бассейне Амура 198), а за осадками наблюдают в 448 подразделениях (метеорологические станции и посты, авиаметеорологические станции, гидрологические речные и озёрные посты).

Таблица 2

Гидрологические посты (ГП) в бассейне Амура (РФ).

Бассейн	Всего ГП	Из них стоковые	% стоковых
Верхний, Средний, Нижний Амур	147	92	63
Шилка, Аргунь, Амазар	72	61	85
Уссури (без бассейна оз.Ханка)	37	27	73
итого	256	180	70

Расположение гидрологических постов представлено на рисунке 1.

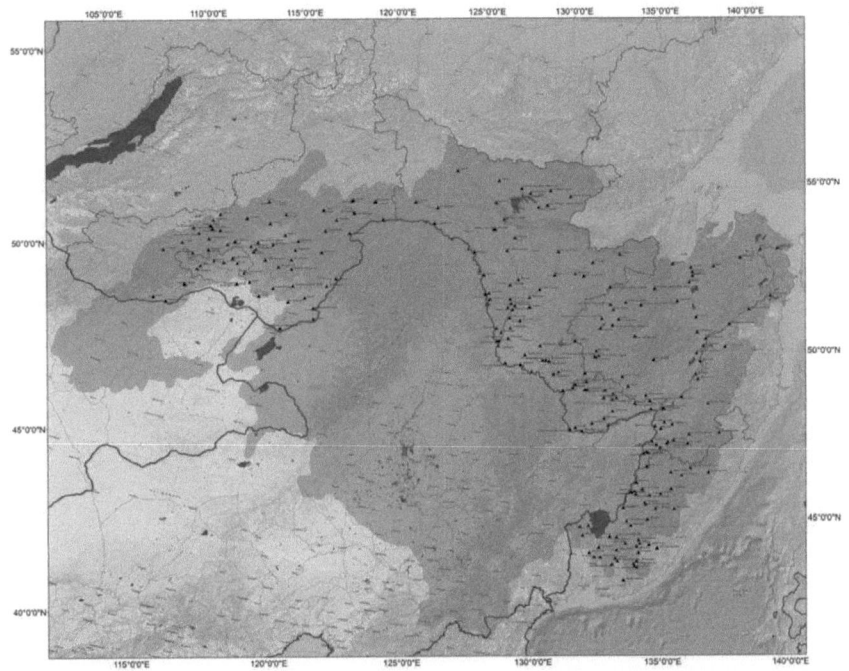

Рисунок 1. Гидрологическая наблюдательная сеть в бассейне Амура (РФ)

Следует обратить внимание на то, что основные стокообразующие районы бассейна на российской территории, особенно, левобережные притоки Амура, расположены в труднодоступных таёжных районах с отсутствием транспортной инфраструктуры. В ряде случаев на пост можно добраться только авиацией.

Плотность стоковых постов в бассейне Амура составляет 10300 км^2 /пост. Всемирная метеорологическая организация (ВМО) рекомендует следующую плотность стоковых постов (таблица 3) [3].

Минимальная плотность стоковых постов *

Физико-географические районы	Минимальная плотность стоковых постов (км^2/пост)
Прибрежный	2 750
Горный	1 000
Равнины (внутри страны)	1 875
Холмистый	1 875
Малые острова	300
Полярный/аридный/труднодоступный	20 000

* рекомендации имеют общий характер

ВМО рекомендует для определения минимальной плотности гидрологической сети пользоваться конкретными разработками для конкретных бассейнов рек, учитывая следующие общие принципы.

Наблюдательная сеть должна:

• отражать существующие социально-экономические и физико-климатические условия

• быть оптимально расположена и с точки зрения затрат на ее эксплуатацию

• учитывать особенности районов (в частности, их труднодоступность).

Рекомендуются основные подходы к наблюдениям за водным режимом рек:

• Главная задача сети гидрометрических постов заключается в получении информации о наличии ресурсов поверхностных вод, их географическом распределении и изменчивости во времени.

• Обычно вдоль главного течения больших рек должно быть достаточное количество гидрометрических постов для того, чтобы между ними была возможна интерполяция расходов воды. Особое положение этих станций определяется топографическими и климатическими условиями. Если разница стока между двумя точками одной реки не превышает допустимую ошибку измерения на гидростворе, тогда дополнительный створ не нужен. Применительно к притокам Амура эта задача в целом решена. Главной проблемой было отсутствие измерений расходов воды на трансграничных водных объектах в последние 30-40 лет. В 2013 году достигнуты российско-китайские договоренности для упрощенного перехода государственной границы при гидрологическом мониторинге. Об этом более подробно - в следующей статье.

- Расход воды небольшого притока нельзя определить с точностью путем вычитания расходов на двух гидрометрических постах, расположенных выше и ниже устья притока. Здесь проблемой является не столько отсутствие стоковых створов, сколько недостаточная точность (измерение расходов воды поплавками). Основной причиной является невозможность оперативного реагирования на разрушения постовых устройств частыми паводками в труднодоступных районах.

- Там, где сток притока представляет особый интерес, будет нужен отдельный створ. Стоковые створы могут чередоваться с водомерными постами, регистрирующими уровень воды. Эти посты располагаются:

a) во всех крупных городах, расположенных вдоль рек, уровень воды используется для прогноза паводков, для водоснабжения и в целях транспорта;

b) на крупных реках, в пунктах между гидростворами, записи уровня воды могут использоваться для прогноза паводков и регистрации их движения.

Последний принцип в целом соблюдается.

На сегодняшний день особенно актуальной является задача модернизации существующей гидрологической сети и ее увеличение только с позиций оптимального размещения новых наблюдательных подразделений.

Сегодня, и особенно активно после выдающегося наводнения 2013 года (о нем речь в отдельной статье) Росгидрометом делаются шаги для решения этой сложной, затратной задачи. Реализуется правительственный Проект модернизации организаций Росгидромета. На первом его этапе практически полностью модернизирована существующая гидрологическая сеть в бассейне

Уссури с установкой автоматических комплексов для измерений уровней воды, осадков, снегозапасов, появилась возможность измерять расходы воды при помощи современного оборудования, открываются новые пункты наблюдений. Бассейн Уссури является наиболее заселённым в российской части Приамурья и страдает от опасных наводнений, поэтому модернизация гидрологической сети началась с этого участка. У Росгидромета есть предложения развить проект и перенести его на весь бассейн Амура. Однако многое зависит от финансирования этих работ.

2. Модернизация гидрологической сети и восстановление постов, разрушенных катастрофическим паводком 2013 года

В рамках федеральной целевой программы (ФЦП) «Развитие водохозяйственного комплекса РФ в 2012-2020гг.» в учреждениях Росгидромета, начиная с 2012 года, уже проводятся мероприятия по восстановлению и модернизации государственной наблюдательной сети (восстановление разрушенных паводками гидропостов, приобретение приборов и оборудования гидрометеорологического и гидрохимического назначения), реконструкция, модернизация и строительство лабораторий, станций и постов.

В результате катастрофического паводка 2013 года были повреждены или полностью разрушены десятки гидрологических постов в бассейне Амура, в том числе поврежденными оказалась часть автоматизированных гидрологических постов, установленных ранее.

Приоритетной задачей является восстановление и, как отмечено выше, модернизация наблюдательной гидрометеорологической сети. Эти работы будут проведены в рамках «Технического проекта восстановления, модернизации и развития гидрометеорологической сети наблюдений и системы гидрологического прогнозирования в бассейне р.Амур», реализация которого началась в 2014 году. Целями создаваемой системы являются:

- Повышение уровня гидрометеорологической безопасности населения и объектов экономики в бассейне Амура.

- Повышение надежности и точности оценок водных ресурсов и характеристик гидрологического режима водных объектов, гидрологических расчетов и прогнозов в условиях изменения климата.

- Обеспечение информацией научно-исследовательских работ по изучению водного режима рек бассейна Амура и разработке методов гидрологического прогнозирования.

Достижение этих целей возможно при последовательной модернизации основных этапов гидрологических работ: наблюдения – передача данных – усвоение данных – создание унифицированных баз данных – анализ данных – прогноз - доведение до населения, уполномоченных органов, заинтересованных организаций – принятие управленческих решений.

Планом в 2014 году предусмотрено установить около 40 автоматических гидрологических комплексов, позволяющих фиксировать и предавать в оперативном порядке в оперативно-производственные органы для анализа и прогноза информацию об уровнях и температуре воды, осадках с заданной дискретностью. Особенно важно иметь эти данные для прогнозирования быстроразвивающихся паводках в горных бассейнах.

В качестве первоочередных для модернизации выбраны посты в бассейнах водохранилищ, так как принятие верных решений о режиме регулирования сбросов ГЭС, особенно в периоды формирования наводнений, играют определяющую роль для предотвращения затоплений. Кроме того, повышенное внимание к рекам, в бассейнах которых плотность населения максимальна, и дождевые паводки на которых формируются быстро.

Планируется приобретение дополнительных мобильных лабораторий и плавательных средств для измерения расходов воды.

В некоторых оперативно-производственных организациях Росгидромета в бассейне Амура уже существуют принципиально новые Центры сбора, обработки и передачи гидрологической информации с выходом на прогноз, в других они будут планомерно приобретаться. В частности, в 2014 году в Хабаровске начнет работать новый ведомственный Центр. В результате комплекса работ в нем будут обрабатываться данные 98 автоматизированных гидрологических постов бассейна (большая часть в бассейне Уссури), а также весь поток информации, в том числе с уже автоматизированных метеорологических станций. Эти данные в автоматическом режиме будут поступать специалистам для анализа и прогноза.

Делаются шаги в направлении создания автоматизированной подсистемы прогнозирования и подсистемы визуализации фактической, прогностической и исторической информации с применением ГИС-компоненты. Кроме того, будут восстановлены 65 разрушенных в результате наводнения постов и также восстановлены программы наблюдений. Планируется и реконструкция базовых гидрологических станций. К примеру, здание станции в Хабаровске было практически полностью уничтожено паводком, оно будет полностью реконструировано и оснащено новым, современным оборудованием.

Заключение

Данные наблюдений за состоянием поверхностных вод, безусловно, являются необходимой базой для защиты от наводнений, проектирования водохозяйственных комплексов, строительства в прибрежных зонах, природоохранных мероприятий, научных исследований. Понимание важности этого вида мониторинга на государственном уровне приводит к планированию и разработке федеральных программ, направленных на оптимизацию пунктов наблюдений, техническое и технологическое переоснащение всех звеньев сети наблюдений.

Список литературы

1. Грани гидрологии. Под редакцией Джона К.Родда. Ленинград, Гидрометеоиздат, 1987.
2. Постановление Правительства Российской Федерации от 28.04.2007г. N 253. О порядке ведения государственного водного реестра. http://base.garant.ru/12153226/
3. Руководство ВМО по гидрологической практике (Guide to Hydrological Practices. Fifth Edition, WMO-No. 168, Chapter 20).

Российско-китайское сотрудничество по гидрологии, при трансграничных чрезвычайных ситуациях экологического характера, по совместному мониторингу качества трансграничных водных объектов

1. Российско-китайское сотрудничество по гидрологии

Сначала несколько слов об истории взаимодействия организаций Росгидромета и Министерства водного хозяйства КНР.

По рр. Амур, Аргунь, Уссури, оз.Ханка проходит государственная граница России и Китая. Общая протяжённость этих пограничных участков составляет около 4 000 км. Сток пограничных рек формируется как на территории России, так и на территории Китая, отсюда взаимная заинтересованность в обмене гидрологическими данными. Так, в створе Амура у Хабаровска лишь немного меньше половины водосбора находится в Китае.

Наше сотрудничество с Китаем в области гидрологии началось в 50-е годы – с началом в Приамурье сильных наводнений.

В 1956 году впервые по предложению СССР на уровне Академий наук с КНР было заключено соглашение о совместном проведении исследований в бассейне Амура для изучения природных ресурсов и перспектив развития производительных сил. С этого же года начался взаимный обмен: из Хабаровска в КНР направлялись уровни (расходы) воды с основных притоков Амура на территории СССР, из КНР – соответственно данные бассейна р.Сунгари.

В годы сильных наводнений второй половины 50-х годов этот обмен был исключительно полезен. В эти же годы на Верхнем и Среднем Амуре на шести створах специалисты наших стран измеряли расходы воды.

С 1967 года сотрудничество прекратилось почти на 20 лет: не было обмена информацией, не измерялись расходы воды.

Сильные наводнения, сформировавшиеся в 1984 году на территории СССР, а в 1985г.- КНР, вернули стороны к необходимости возобновления обмена данными.

В марте 1986 года при встрече экспертов СССР и КНР в Пекине вопрос сотрудничества в области гидрологии был успешно решён подписанием соответствующих документов между Госкомгидрометом и Министерством водного хозяйства КНР. В соответствии с этими договорённостями и по сегодняшний день производится взаимный обмен информацией о ежедневных уровнях воды, осадках по 14 постам, расходах воды и ледовых явлениях по 4 постам на притоках, при угрозе формирования опасных паводков – прогнозами уровней воды. Обмен информацией осуществляется по международным кодам КН-16 (FM 67-VI HYDRA и КП-57 (FM-68-VI HYFOR) – таблица 1.

Таблица 1

Список постов и информации со стороны КНР

Река	Пункт	Индекс	Уровни В 8 час. местного времени (1.06-30.09)	Расходы (1.06-30.09) (ЕРВ)	Осадки за предшест-вующие сутки (1.06-30.09)	Ледовые явления и уровни воды (1.04-до ледохода+3дня чисто, 1.10-до ледостава)	Прогноз и учащенная информа-ция при достижении отметки (см)
Хайлар	Пахао	08229	+		+	+	
Хумахе	Хумацзяо	08305	+	+	+	+	
Вторая Сунгари	Гирин	08303	+	+	+		1080
	Фуюй	08016	+		+		
Нонни	Тунмон	08007	+		+		
«	Цицикар	08008	+		+		
«	Цзянцзяо	08010	+		+		980
«	Далай	08015	+		+		
Сунгари	Харбин	08106	+	+	+	+	900
«	Илань	08120	+		+		
«	Цзямусы	08123	+	+	+	+	930
«	Фугдин	08125	+		+		
Суйфуй-хе	Дуннин	07805	+		+		
Наолихе	Цайцзуйцз	07405	+		+		

34

Список постов и информации со стороны РФ

Река	Пункт	Индекс	Уровни В 8 час. местного времени (1.06-30.09)	Расходы (1.06-30.09) (ЕРВ)	Осадки за предшествующие сутки (1.06-30.09)	Ледовые явления и уровни воды (1.04-до ледохода+3дня чисто, 1.10-до ледостава)	Прогноз и учащенная информация при достижении отметки (см)
Аргунь	Олоча	06040	+		+	+	
Шилка	Сретенск	06067	+	+	+	+	
Амур	Покровка	06001	+		+	+	800
	Черняево	06010	+		+		
Зея	Заречная Слобода	06275	+	+	+		
«	Чагоян	06283	+		+		
«	Белогорье	06291	+	+	+	+	700
Селемджа	Норск	06369	+		+		
Бурейское вдхр.	Чекунда	06913	+		+		
Бурея	Малиновка	06473	+	+	+		650
Большая Уссурка	Вагутон	05254	+		+		
Хор	Хор	05347	+		+		
Бикин	Звеньевой	05311	+		+		
Уссури	Лесозаводск	05108	+		+		600

Кроме того, стороны обменялись гидрологическими ежегодниками за период по 1987 год.

Очень ценным было возобновление измерений расходов воды в 1987-89 гг. на Верхнем и Среднем Амуре после 20-летнего перерыва.

Далее встречи экспертов проводились ежегодно до 1990 года.

Весьма полезной стала программа сотрудничества, принятая в июне 1990 года в Пекине на 5-й встрече экспертов. С 1990 года начались рабочие встречи и семинары специалистов Росгидромета Дальнего Востока и провинции

Хэйлунцзян. На них рассматривались вопросы гидрологических прогнозов, в том числе и совместных, производился обмен режимно-справочными материалами, обмен опытом по вопросам оборудования постов, производства наблюдений, обработки данных и т.д.

Пользу этого сотрудничества трудно переоценить. Примером может служить 1998 год, когда на Сунгари сформировалось катастрофическое наводнение (причины, его сформировавшие, описаны в предыдущей статье).

Благодаря полученным оперативной информации и прогнозам по ключевым постам с китайской стороны в соответствии с нашими договорённостями, было возможно дать предупреждение об опасном паводке на Амуре ниже впадения Сунгари с заблаговременностью 10 суток для Ленинского района и около двух недель – для г.Хабаровска.

Как и предполагалось, наибольшему затоплению в Российской Федерации подвергался густонаселённый Ленинский район, где населённые пункты в основном расположены в пойме реки. После предупреждения во всех возможных местах прорыва велись работы по подсыпке и укреплению дамб. Благодаря проведению работ по защите от наводнения, населённые пункты не подвергались затоплению и подтоплению. Заготовленное сено было вывезено в незатопляемые места, проводились работы по спасению урожая, выводу скота с затопляемых пастбищ и животноводческих лагерей, выводу техники.

У Хабаровска наибольший ущерб мог быть нанесён садово-огородным участкам на левом берегу Амура, урожай с которых, благодаря предупреждениям, был собран и вывезен. В Хабаровске были приняты меры по выводу строительной техники с пойменных участков строительства автомобильной эстакады и подъездных путей к мосту через Амур.

В случае, если бы мы не имели информации из КНР, заблаговременность предупреждения для районов Еврейской автономной области была бы не более суток, для Хабаровска – около 3-4 суток.

Встречи экспертов Росгидромета и Минводхоза КНР в начале 90-х годов прошлого века прекратились. Сегодня мы работаем с китайской стороной, участвуя в заседаниях Совместной Межправительственной Российско-китайской комиссии по рациональному использованию и охране трансграничных вод (СРКК) и ее рабочих групп.

Эта комиссия создана в рамках Соглашения между Правительством Российской Федерации и Китайской Народной Республики о рациональном использовании и охране трансграничных вод от 29 января 2008 года [1]. В соответствии с этим Соглашением стороны, в числе прочих сфер действия:

• осуществляют сотрудничество в сфере гидрологии, предупреждения и сокращения последствий паводков на трансграничных водах

• разрабатывают и осуществляют совместные действия по предупреждению чрезвычайных ситуаций и реагированию на них.

В декабре 2012 года СРКК согласовала Порядок работ по гидрологическому мониторингу на трансграничных водных объектах, таким образом, позволив специалистам, используя упрощённый порядок перехода государственной границы, возобновить измерения расходов воды, необходимые для оценки стока и прогнозирования паводков, в том числе опасных. В 2014 году российские специалисты измеряют расходы воды на 7 створах (таблица 2).

Таблица 2

Перечень пунктов для измерения расходов воды на трансграничных участках рек. (створы российской стороны)

№ п/п	Река	Название станции	Место проведения работ
1	Амур	Черняево	Амурская область , Магдагачинский район
2	Амур	Благовещенск	Амурская область, Благовещенский район
3	Амур	Гродеково	Амурская область , Благовещенский район
4	Амур	Пашково	Еврейская автономная область, Облученский район
5	Амур	Ленинск	Еврейская автономная область, Ленинский район
6	Амурская протока	Казакевичево	Хабаровский край, Хабаровский район
7	Уссури	Шереметьево	Хабаровский край, Вяземский район

Работы ведутся по национальным планам самостоятельно.

2. Российско-китайское сотрудничество при чрезвычайных ситуациях экологического характера

В ноябре 2008 года на основе межправительственных соглашений между нашими странами был подписан очень важный документ - Меморандум между Министерством природных ресурсов и экологии Российской Федерации и Министерством охраны окружающей среды Китайской Народной Республики о создании механизма оповещения и обмена информацией при трансграничных чрезвычайных ситуациях экологического характера (далее – Меморандум). Согласно статье 1 Меморандума при возникновении трансграничной чрезвычайной ситуации экологического характера стороны должны оперативно уведомлять о ней друг друга в согласованном формате, если угроза соответствует установленным критериям и может распространиться на сопредельное государство.

Надо отметить, что на территории России контроль за промышленными и техногенными авариями, которые чаще всего являются источниками ЧС экологического характера, ведут целый ряд организаций и служб. Поэтому в апреле 2009 года в Хабаровске было подписано российское Соглашение о порядке взаимодействия федеральных органов исполнительной власти, их территориальных органов, органов власти субъектов Российской Федерации в целях выполнения обязательств Российской Федерации, вытекающих из Меморандума. Целью данного Соглашения является своевременное информирование о возможной угрозе ЧС на территории РФ российского контактного лица для дальнейшей передачи китайской стороне. В случае угрозы ЧС с китайской стороны контактное лицо извещает всех участников Соглашения для принятия мер по уменьшению возможного ущерба. Соглашение подписано 14 федеральными ведомствами, всеми пятью приграничными субъектами России.

Необходимо отметить, что за прошедшее с момента подписания Меморандума время, промышленных аварий, как на территории России, так и Китая, которые могли бы привести к серьезной ЧС экологического характера на сопредельной стороне, зафиксировано не было. Хотя отмечался ряд локальных инцидентов. Мы благодарны китайской стороне за быстрые и полные ответы на наши запросы о таких происшествиях.

Для проверки работоспособности схемы информационного оповещения стороны ежегодно проводят обмен учебными сообщениями, которые подтверждают ее надёжность.

Этот механизм актуален и при загрязнении трансграничных вод. В случае, если бы его имели в 2005 году, когда в результате аварии на территории КНР в воды р.Сунгари попали вредные химические соединения, оценка степени загрязнения была бы более оперативной и точной. Хотя именно этот случай показал высокую степень реагирования китайской стороны на аварийную ситуацию и быстрое доведение до компетентных органов РФ нужной информации.

3. Совместный российско-китайский мониторинг качества трансграничных водных объектов

Важной частью исследований качества поверхностных вод является совместные российско-китайские работы.

В соответствии с Соглашением между Администрацией Хабаровского края и Народным Правительством провинции Хэйлунцзян (КНР) «О совместных природоохранных мероприятиях на период 2000-2005гг.», с 2002 года были начаты работы по совместному мониторингу рек Амур и Уссури. Выполнение их было поручено Дальневосточному управлению по гидрометеорологии и мониторингу окружающей среды Росгидромета.

Основной целью Проекта являлось проведение комплекса химико-аналитических и гидрологических работ для получения информации о содержании химических веществ в трансграничных водах рек Амур и Уссури по 25 показателям.

Работы проводились на двух створах Амура и одном на Уссури 3 раза в год. Стороны обменивались результатами анализов. Российско-китайский мониторинг трансграничного загрязнения рр.Амур и Уссури показал его перспективность для разработки совместных природоохранных мероприятий в Приамурье. Трансграничный мониторинг был значительно расширен, как по анализируемым параметрам, так и географически. В соответствии с Меморандумом о взаимопонимании между МПР России и Госадминистрацией КНР по охране окружающей среды (ГАООС) в мае 2006 года в Пекине состоялась встреча делегаций двух сторон, на которой был подписан План совместного российско-китайского мониторинга качества вод трансграничных водных объектов. Этим Планом предусмотрены исследования качества следующих водных объектов: р.Аргунь – 3 створа (Забайкальский край), р.Амур -3 створа (Амурская область, Еврейская автономная область, Хабаровский край), устьевого участка Уссури – 1 створ (Хабаровский край), р.Раздольная – 1 створ и оз. Ханка – 1 створ (Приморский край). На отдельных участках увеличилось количество исследуемых показателей, пробы воды отбираются во все фазы водного режима, включая зиму, исследуются и пробы донных отложений. Принят конкретный План мониторинга. В его основу легло продолжение работ по уже отработанной Программе, а также ее возможное расширение. Ежегодно на заседаниях Совместной координационной комиссии и Совместной рабочей группы экспертов по вопросам совместного российско-китайского мониторинга качества вод трансграничных водных объектов (Комиссия) рассматривается Итоговый отчёт о совместном мониторинге за прошедший период, даётся совместная оценка данных, полученных в результате исследований, принимается Программа работ на следующий год. Заседания проводятся поочерёдно на территориях обеих стран, в рамках мероприятий специалисты посещают аналитические лаборатории, знакомятся со структурами национального мониторинга.

Ценным начинанием было принятие в 2011 году решения о проведении технических конференций (семинаров) по вопросам методического и лабораторного обеспечения мониторинга. С 2012 года они стали регулярными. На этих конференциях специалисты выступают с докладами, обсуждают вопросы совместной оценки результатов мониторинга с учётом национальных стандартов, детально знакомятся с методиками лабораторного анализа и спецификой отбора проб. По результатам конференций разрабатываются совместные рекомендации, которые учитываются Комиссией при принятии Программы мониторинга на следующий год.

Важность исследований подтверждает то, что межправительственный орган более высокого уровня - Подкомиссия по сотрудничеству в области охраны окружающей среды Российско-Китайской комиссии по подготовке регулярных встреч глав правительств [2] - ежегодно рассматривает и одобряет Программу мероприятий по осуществлению совместного российско-китайского мониторинга качества вод трансграничных водных объектов и принимает совместно подготовленный Итоговый отчет за прошедший период.

Проведённые в течение длительного периода исследования показали, что в целом качество трансграничных вод остаётся стабильным, а по отдельным химическим показателям и на большинстве участков отбора проб в целом имеется улучшение, что может быть связано и с усилиями Китайской Народной Республики по оздоровлению бассейна Сунгари.

Заключение

В заключение нельзя не отметить, что наводнения, заторы льда на трансграничных водотоках приносят бедствия как российской, так и китайской стороне, поэтому взаимные интересы велики, и сотрудничество в области гидрологии должно продолжаться и развиваться. Кроме того, совместное изучение гидрологического режима необходимо для рационального использования водных ресурсов, для охраны водных объектов от загрязнения.

Также практика показывает, что должен совершенствоваться и созданный механизм взаимодействия при чрезвычайных ситуациях экологического характера.

Исследования качества трансграничных вод необходимы для анализа источников загрязнений и для принятия эффективных мер в целях улучшения качества вод.

Список литературы

1. http://voda.mnr.gov.ru
2. http://www.russchinatrade.ru

Выдающееся наводнение на Амуре 2013 года и его особенности

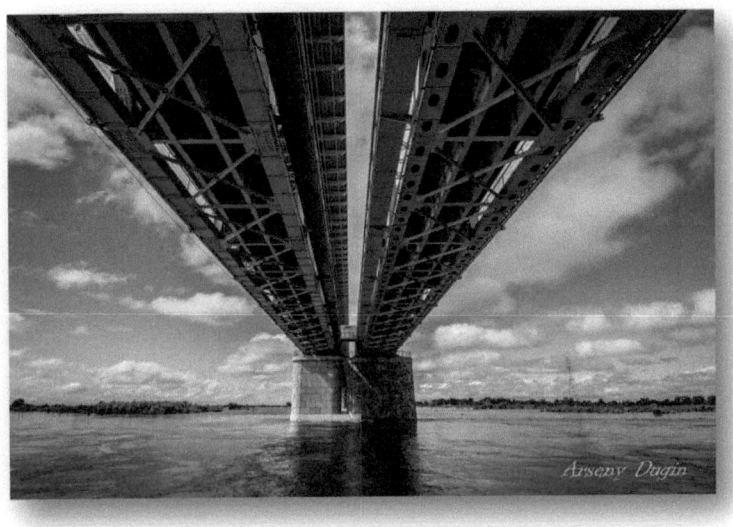

Введение

За период наблюдений (по отдельным гидрологическим постам около 120 лет) на Амуре отмечались ярко выраженные многоводные и маловодные периоды, хотя строгая цикличность в их смене не прослеживается. У Хабаровска (рисунок 1), к примеру, многоводными были 50-е годы, когда отметка выше 600 см наблюдалась в 5 случаях из 10 лет. После этого отметка 600 см (опасного явления) была достигнута лишь один раз в 1984 году.

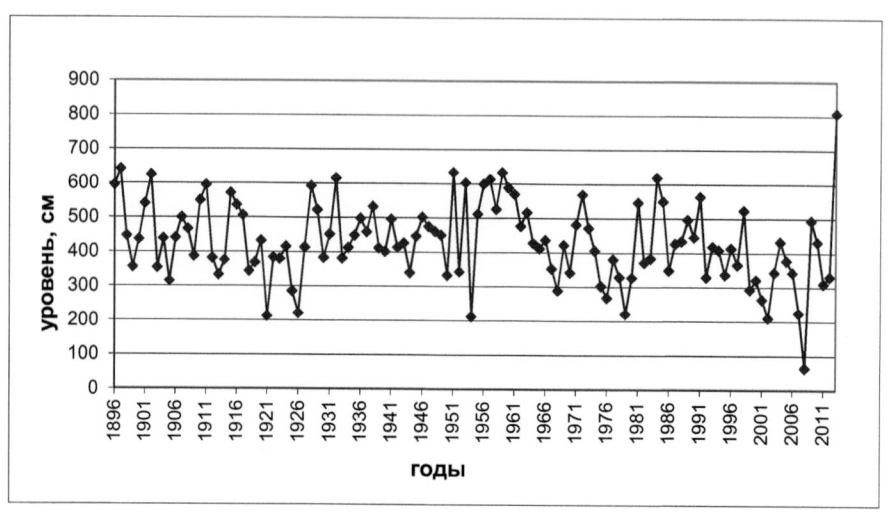

Рисунок 1.Максимальные уровни над нулем графика поста р.Амур-г.Хабаровск (открыт в 1896 году)

В июле-сентябре 2013 г. в бассейне Амура произошло выдающееся наводнение, по своим масштабам и последствиям значительно превосходящее наблюдавшиеся ранее. Наводнение охватило практически весь Амур, причем на участке Среднего и Нижнего Амура протяженностью более тысячи километров повсеместно наблюдались рекордные отметки уровня воды, на 1,5-2,1 метра превысившие исторические максимумы.

Основная особенность 2013 года заключатся в том, что высокие дождевые паводки сформировались на всех основных притоках Амура (характеристика основных притоков и водосборных площадей приведена в таблице 1). Причем, если можно применить такую аналогию, не параллельно, а последовательно. Смещающийся паводок с западной части бассейна принимал практически на своем максимуме паводки рек восточной части водосбора. Ситуация усугублялась продолжающимися дождями. Кроме того, большую роль на начальном этапе формирования паводков в июле сыграло хорошее предшествующее увлажнение, так что потери были минимальными.

Характеристика основных притоков и водосборных участков р.Амур
в естественных условиях

Река (участок)	Площадь водосбора		Расход воды среднегодовой	
	км^2	% от Амура / % от Амура у Хабаровска	м^3/с	% от Амура / % от Амура у Хабаровска
Амур	1 855 000		10 400*	
Амур - Хабаровск	1 630 000		8 340	
Зея	233 000	12.6/14.3	1 750	15.8/20.1
Зея (участок выше плотины)	82 400	4.5/5.1	750	6.7/8.9
Бурея	70 700	3.8/4.3	900	8.1/10.7
Бурея (участок выше плотины)	65 200	3.5/4.0	882	7.9/10.5
Сунгари	544 800	29.4/33.4	(2 110)	19.0/25.1
Уссури	193 000	10.4/11.8	1 070	9.6/12.7
Верхний Амур	493 000	26.7/30.2	1 520	13.7/18.1

*Величины среднегодового расхода приведены по данным «Многолетних справочных данных» (МДС) по 2010г.

Рассмотрим более подробно каждую из причин выдающегося амурского дождевого паводка 2013 года в хронологическом порядке.

1. Предшествующие условия

Осенью 2012 года (сентябрь-октябрь) количество осадков в бассейне превышало норму в полтора, местами в два раза (таблица 2). Таким образом, практически вся водосборная площадь Амура была переувлажнена.

Количество осадков осенью 2012 года

Бассейн	Пункт	Σ осадков IX-X (мм)	норма IX-X	Отклонение от нормы
Верхний Амур	Ерофей Павлович	103	65	158%
	Сковородино	97	69	141%
	Окт.Прииск	165	99	167%
	Саскаль	167	84	199%
Зея	Бомнак	247	106	233%
	Береговой	172	106	162%
	Зея	125	94	133%
	Шимановск	199	90	221%
	Свободный	204	104	196%
Средний Амур	Благовещенск	190	99	192%
	Белогорск	188	105	179%
	Братолюбовка	178	101	176%
	Малиновка	175	119	147%
	Поярково	128	100	128%
	Архара	173	122	142%
Бурея	Ср.Ургал	227	130	175%
	Соф.Прииск	276	142	194%
	Чекунда	192	118	163%
	Сектагли	229	133	172%
	Сутур	234	132	177%
Уссури	Вяземский	221	145	152%
	Лермонтовка	242	137	177%
	Гвасюги	163	187	87%
	Бикин	227	136	167%
Нижний Амур	Хабаровск	213	138	154%
	Елабуга	168	134	125%
	Урми	286	164	174%
	Литовко	164	131	125%
	Троицкое	134	133	101%

Летне-осенние паводки, таким образом, были поздними, и Амур в основном ушел в зиму с высокой водностью (рисунки 2,3.)

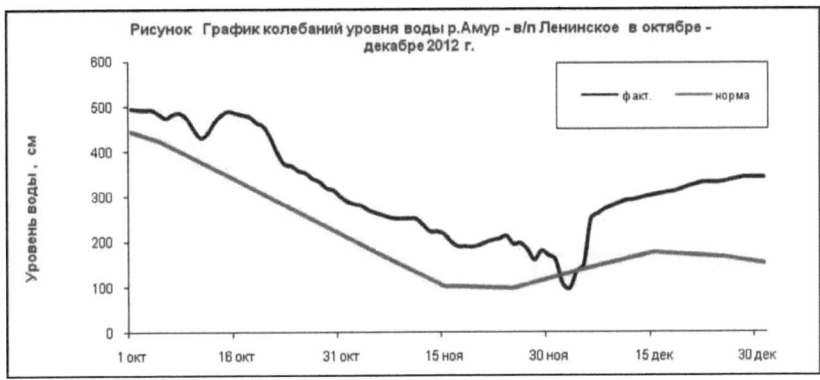

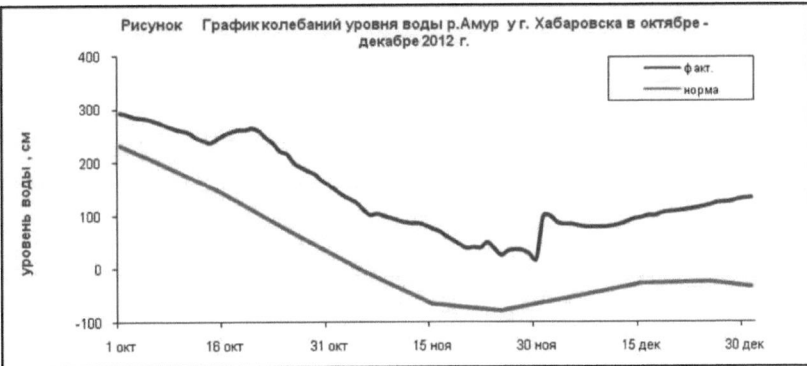

Рисунки 2, 3. Характеристика уровней осенью - начале зимы 2012г. Уровни –над нулями графика постов

Снегозапасы в Приамурье к началу снеготаяния 2013 года существенно (местами в 3 раза) превышали норму (рисунок 4).

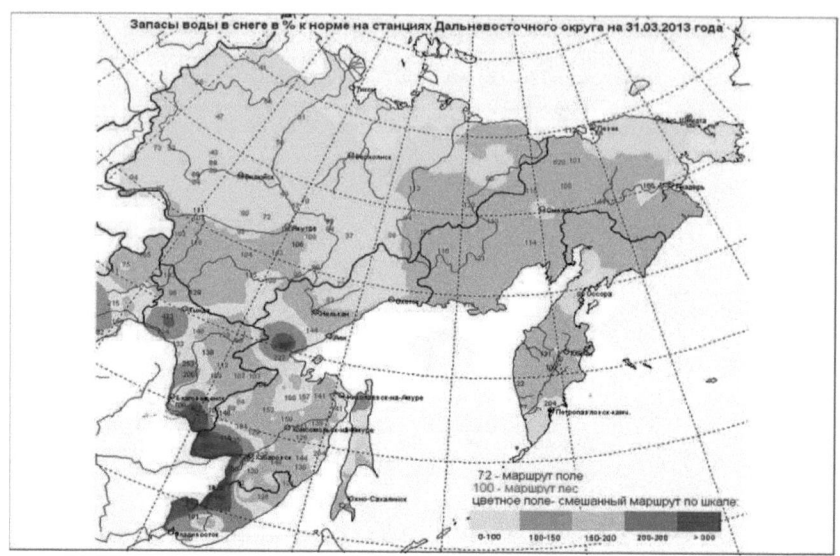

Рисунок 4. Запасы воды в снеге в Дальневосточном федеральном округе на 31.03.2013г.

Эти факторы, а также значительное количество осадков весной 2013 года (превышающих норму до полутора раз), привели к тому, что снего-дождевой паводок на Амуре был продолжительным и высоким (рисунки 5-6). Видно, что уровни были выше нормы, пойма длительное время оставалась подтопленной и затопленной, местами уровни достигали неблагоприятных отметок. Соответственно, фаза летней межени, которая на Амуре наблюдается в конце июня - первой половине июля, не была выражена, и начавшиеся в июле дожди формировали сток практически без потерь.

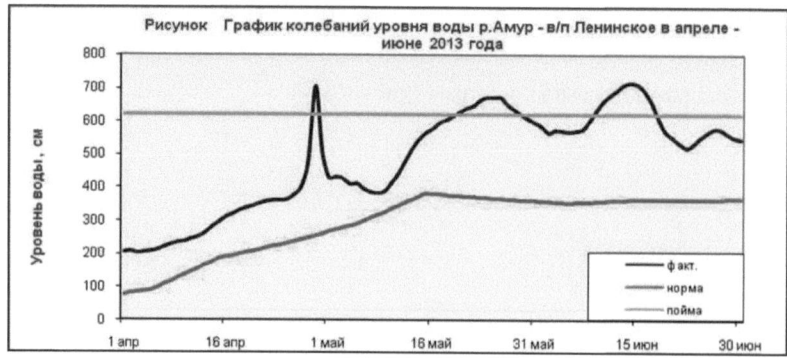

48

Рисунки 5-6. Характеристика уровней весной – в начале лета 2013г. Уровни –над нулями графика постов

2. Особенности синоптических процессов в июле–августе 2013 года

Характер погоды в июле-августе в Приамурье определял ярко выраженный барический гребень, который располагался над северо-западной частью Тихого океана и Охотским морем, обеспечивая меридиональную циркуляцию атмосферы (рисунки 7-8). Подъем влажного тропического воздуха (так называемого полярного фронта) в умеренные широты, который в принципе характерен для муссонного климата, в этом году начался необычно рано (в июне). И над районами Приамурья, как следствие, отмечалась продолжительная активная циклоническая деятельность, вызванная большими контрастами на полярном фронте с участием холодных масс воздуха, поступающих с севера континента.

49

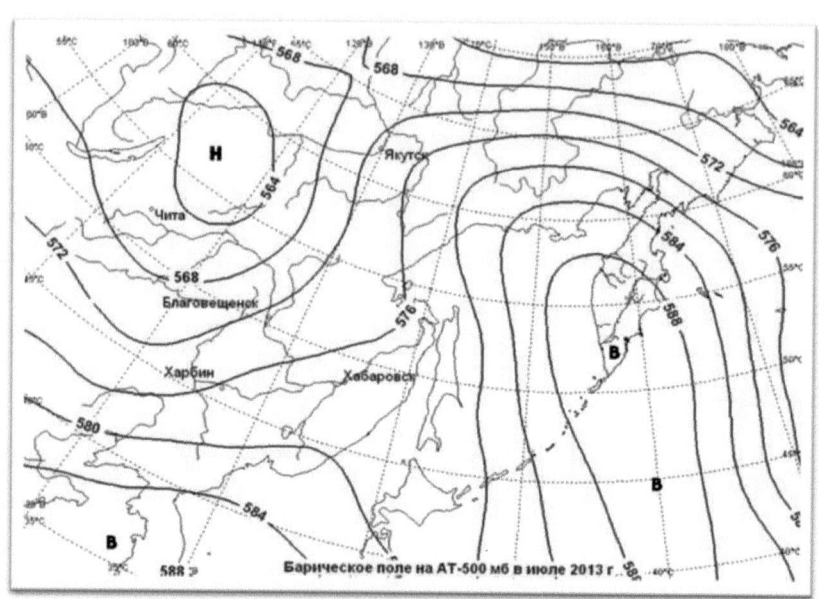

Рисунок 7. Барическое поле в тропосфере (около 5км над поверхностью) в июле 2013 года

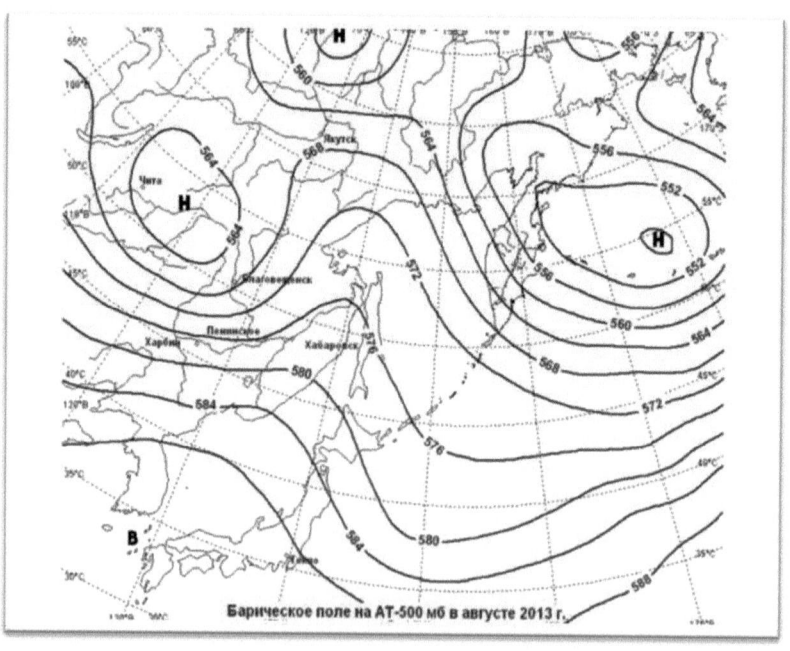

Рисунок 8. Барическое поле в тропосфере (около 5км над поверхностью) в августе 2013 года

В результате дожди различной интенсивности шли практически по всему бассейну Амура. Суммы осадков, выпавших как на российской, так и на китайской территориях бассейна за июнь-август 2013 г., достигали 700-800 мм. Особенно интенсивными дожди были сначала на западе бассейна. Количество осадков за период май-август местами в Амурской области превышало даже годовую норму в полтора раза (рисунок 9).

Рисунок 9. Осадки за период май-август в западной части бассейна Амура на территории РФ.

3. Начало формирования паводка

Таким образом, основной амурский паводок, который привел к масштабному наводнению, начинался в середине июля в западной части бассейна, где основные зоны осадков располагались над западной частью водосбора Зейского водохранилища, Зеи в нижнем бьефе ГЭС, над равнинной частью Верхнего и Среднего Амура в Амурской области и КНР, над верховьями р.Нонни (бассейн Сунгари).

Сначала разлились малые реки бассейна Зеи, в частности, р. Правый Уркан, где 20 июля были уже превышены опасные отметки, в дальнейшем превышены исторические максимумы, причем существенно - на 77 см, пойма реки была затоплена более месяца (19.07-19.08).

И дожди здесь продолжались, в отдельные дни их количество за полсуток составляло 80-140 мм. В таблице 3 представлена информация только лишь о метеорологических явлениях, достигших критерия опасного в июле–августе в западной части бассейна.

Таблица 3

Опасные метеорологические явления в июле–августе в западной части бассейна

Дата	Характеристика явления	Территория распространения Амурская область
Метеорологические явления		
07-08.07	**Очень сильный дождь:** - 62,3 мм за 10 ч 40 мин, - 77,7 мм за 11 ч, - 53,0 мм за 12 ч, - 81,3 мм за 12 ч, - 53,3 мм за 12 ч.	Шимановск Саскаль Свободный Дугда Ивановка
16-17.07	**Очень сильный дождь:** – 52,0 мм за 12 ч, - 58,0 мм за 9 ч, - 56,4 мм за 11 ч 45 мин.	Ерофей Павлович Усть-Нюкжа Свободный
20.07	**Очень сильный дождь:** – 90,0 мм за 12 ч,	Ивановка
22.07	**Сильный ливень:** – 38,7 мм за 1 час, Очень сильный дождь: – 62,6 мм за 5 ч 49 мин,	Благовещенск Благовещенск
30.07	**Очень сильные дожди и сильные ливни:** - 71,0 мм за 11 ч 45 мин. - 54,0 мм за 1 ч 48 мин. и - 33 мм за 48 мин.	Тында Малиновка
08-10.08	**Очень сильные дожди и сильные ливни** **08-09.08:** - 82,1 мм за 7 ч 14 мин. - 76,8 мм за 10 ч 40 мин. - 139,8 мм за 6 ч 5 мин. - 93,4 мм за 12 ч и 34 мм за 1 ч.	Константиновка Свободный Екатеринославка Белогорск

		- 85,4 мм за 12 ч.	Серышево
		- 78,8 мм за 7 ч 40 мин.	Ивановка
		Сильный ливень:	
		08.08	
		- 30,2 мм за 1 ч.	
		09-10.08:	Братолюбовка
		- 61,7 мм за 10 ч,	Нижние Бузули
		- 56,9 мм за 12 ч,	Нижние Бузули
		- 52,0 мм за 7 ч 32 мин.	Тыгда
		- 58,3 мм за 12 ч.	Шимановск
13.08	**Очень сильные дожди и сильные ливни:**		
		- 30 м за 1 ч,	Завитинск
		- 52 мм за 12 ч,	Серышево
		- 55,2 мм за 12 ч,	Усть-Ульма
		- 78,8 мм за 12 ч,	Ивановка
		- 51,4 мм за 12 ч,	Нижние Бузули
		- 61,1 мм за 12 ч	Мазаново

Из-за сложной паводковой ситуации на территории Амурской области Распоряжением Губернатора области был введён режим ЧС регионального уровня. Затем протоколом Правительственной КЧС от 07.08.2013 на всей территории Приамурья был введён режим ЧС федерального уровня функционирования органов управления и сил подсистем РСЧС, который был снят только 27 сентября соответствующим решением Правительственной комиссии по предупреждению ЧС.

4. Регулирование стока Зейским водохранилищем

Именно в западной части бассейна Амура на территории Амурской области расположена Зейская ГЭС, которая построена в конце семидесятых годов 20 века с целями снижения ущерба от наводнений и выработки электроэнергии. Водохранилище этой ГЭС – многолетнего регулирования (рисунок 10).

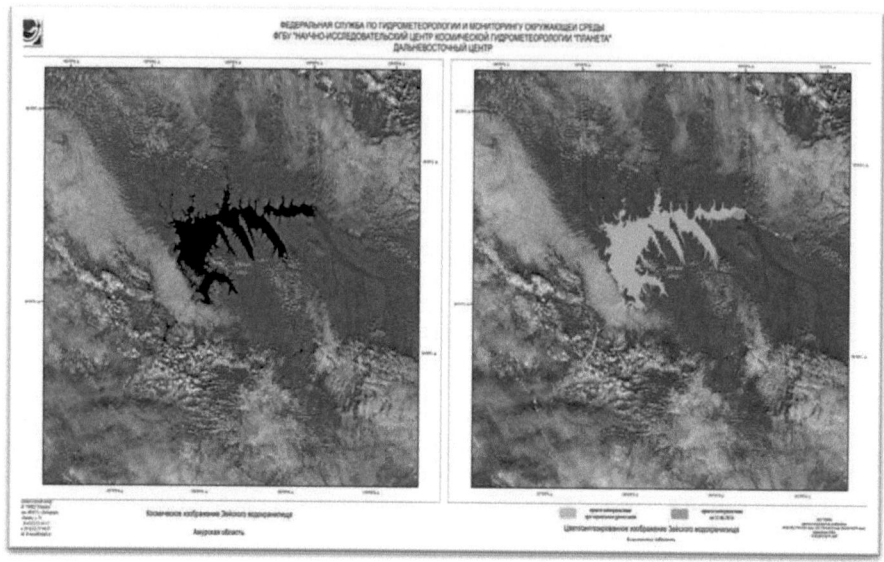

Рисунок 10. Зейское водохранилище из космоса.

Как же в этом году происходило регулирование стока Зейским водохранилищем?

Во втором квартале приток воды в водохранилище был больше нормы в полтора раза, и к началу июля средний уровень водохранилища составлял 313,9 м БС (при нормальном подпорном уровне 315 м).

Сильные дожди в дальнейшем сформировали гораздо более значительный приток воды. Отметка НПУ была превышена уже 20 июля. Среднемесячный приток в июле составил 4150м³/с (обеспеченностью около 5%), а в августе среднемесячный приток воды в водохранилище был самым большим за период наблюдений - 5380м³/с (обеспеченностью около 0.5%). Объем притока в водохранилище в третьем квартале был больше нормы почти в два с половиной раза (составил 31.3 км³ (236 % нормы). В связи с высоким уровнем водохранилища согласно «Основным правилам использования водных ресурсов Зейского водохранилища на р.Зея» Амурское БВУ Федерального агентства водных ресурсов (Росводресурсы), в соответствии со своими полномочиями, с учетом рекомендаций Межведомственной рабочей группы, с

1 августа установило режим сбросов со среднесуточным расходом 3500 м³/с с открытием водосливной части плотины. При принятии решения учитывался и прогноз развития паводка в нижнем течении Зеи. В дальнейшем режим сбросов устанавливался Правительственной комиссией по предупреждению и ликвидации чрезвычайных ситуаций и противопожарной безопасности с учётом гидрологической ситуации на Амуре и Зее (рисунок 11).

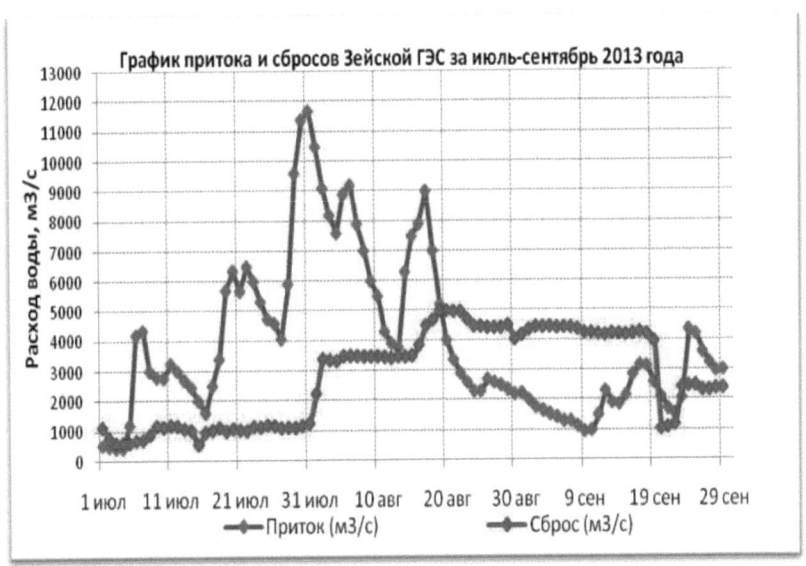

Рисунок 11. Хронологические графики расходов притока в Зейское водохранилище и сброса Зейской ГЭС.

Аккумуляция стока водохранилищем в июле составила около 8 км³, в августе – около 3 км³. Уже эти величины говорят о выполнении одной из основных задач регулирования стока Зеи – снижении ущерба при формировании наводнений. По первым полученным расчетам, проведённым совместно с сотрудниками Государственного гидрологического института Росгидромета, сделаны выводы о том, что срезка максимального уровня воды в августе в нижнем течении Зеи у с.Белогорье, в результате регулирования реки водохранилищем, составила около метра, а на Амуре ниже Благовещенска – около 70 см. Здесь представлены данные для оперативной оценки степени регулирования стока Зеи, влияние водохранилищ требует дополнительных исследований с использованием математических моделей.

5. Вклад Верхнего Амура в основной паводок

Сток Верхнего Амура не был экстремальным. Водность Шилки и Аргуни в июле и первой половине августа была повышенной, особенно – р.Аргунь, где в начале августа у с.Олочи Нерчинско-Заводского района Забайкальского края были превышены отметки ОЯ на 133 см. Пойма р. Аргунь в Приаргунском районе была подтоплена на 2 метра, в Нерчинско-Заводском – почти на 4 метра, в Газимуро-Заводском районе – на полтора метра. Истоки Аргуни расположены близко к истокам р.Нонни – главного притока р.Сунгари, именно на этой территории осадки были особенно интенсивными. Значительную часть бассейна Аргуни занимают лесостепные и степные зоны с бессточными и полубессточными районами, и без дополнительной подпитки ее сток при слиянии с Шилкой уже не был таким большим. В бассейне Шилки периодически также формировались паводки с выходом воды из берегов на отдельных участках, не достигавшие критериев опасных. В результате максимальные уровни Верхнего Амура в Амурской области, наблюдавшиеся 16-18 августа, были значительно ниже опасных отметок (таблица 4) с глубиной затопления поймы около 0.5-1.0 м. Лишь на участке Верхнего Амура ниже впадения р.Хумархэ (КНР) глубина затопления поймы в середине августа составляла более трёх метров. На снимке (рисунок 12) видны сравнительные масштабы разлива Зеи и Верхнего Амура.

6. Характеристики паводков рек Амурской области

Сравнительная характеристика высших уровней воды паводка на реках бассейна р.Амур (Амурская область). Отметки – над нулями графика постов (http://dalgidromet.ru)

Пункт	Высшие уровни паводка 2013 года, см (даты)	Максимальные уровни за период наблюдений (исторические), см, (год)	Превышение уровней 2013 года над историческим м	Отметка опасного явления (ОЯ), см	Превышение высших уровней 2013 года над ОЯ, м	Отметка выхода воды на пойму, см	Глубина затопления поймы м
Амурская область, р.Амур							
Джалинда	605 (17 августа)	1138 (1958) 1356* (1960)	-	800	-	510	0,95
Черняево	683 (18 августа)	1184 (1958)	-	800	-	600	0,83
Кумара	817 (16 августа)	1227 (1958)	-	830	-	500	3,17
Сергеевка	780 (17 августа)	961 (1958)	-	800	-	490	2,90
Благовещенск[1]	822 (16 августа)	895 (1958)	-	800	0,22	510	3,12
Гродеково	1144 (16-17 августа)	1202 (1958)	-	1100	0,44	730	4,14
Константиновка	924 (18 августа)	930 (1984)	-	750	1,74	500	4,24
Поярково	833 (16-18 августа)	875 (1928)	-	750	0,83	500	3,33
Иннокентьевка	1083 (20 августа)	1090 (1928)	-	930	1,53	640	4,43
Амурская область, р.Зея							
Заречная Слобода	736 (18 августа)	996 (1974)	-	(940)	-	650	0,86
Овсянка	915 (4 августа)	986 (1974)	-	(920)	-	750	1,65
Поляковский	1029 (18 августа)	1202 (1974)	-	(1200)	-	730	2,99
Мазаново[2]	707 (19 августа)	984 / 672 (1872 / 1984)	- / 0,35	620	0,87	450	2,57
Суражевка[2]	812 (12 августа)	986 / 741 (1972 / 1984)	- / 0,71	700	1,12	500	3,12

Малая Сазанка [2]	**1052 (22 августа)**	1130 / 1002 (1972 / 1984)	**- / 0,50**	970	**0,82**	780	2,72
Белогорье [2]	**819 (23-24 августа)**	925 / 778 (1972 / 1984)	**- / 0,41**	730	**0,89**	500	3,19
Благовещенск [2]	**819 (16 августа)**	859 / 855 (1928 / 1984)	**- / -**	720	**0,99**	450	3,69
Амурская область, малые реки							
р.Правый Уркан-Арби	**778 (31 июля)**	701 (2007)	**0,77**	670	**1,08**	580	1,98
р.Томь – г.Белогорск	380 (18-19 августа)	416 (1985)	-	400	-	280	1,0
р.Завитая – с.Михайловка	**327 (15 августа)**	331 (1983)	-	300	**0,27**	180	1,47
р.Архара – с.Аркадьевка	288 (13 августа)	534 (1945)	-	500	-	200	0,88

Примечания:

1. [1] – до начала регулярных наблюдений по меткам высоких вод в 1872 году определен уровень 1017 см.

2. [2] – в числителе данные за весь период наблюдений, в знаменателе – за период регулирования Зейской ГЭС.

3. (920) – отметки требуют уточнения.

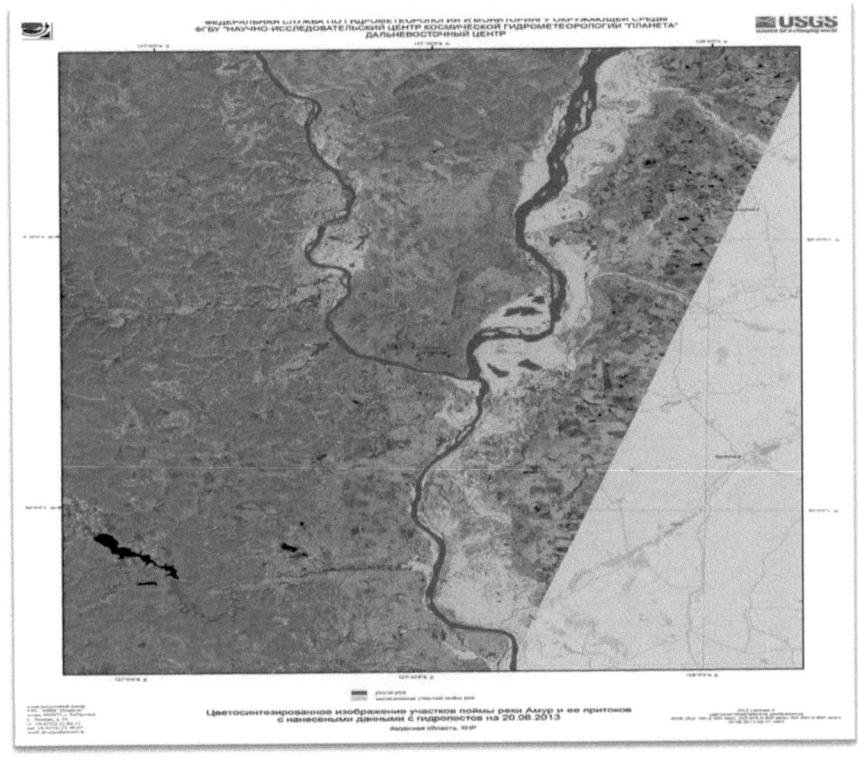

Рисунок 12. Характеристика разливов (20-30 км) при слиянии Амура и Зеи

Паводки частично зарегулированной Зеи и Верхнего Амура смещались синхронно, и на Среднем Амуре в Амурской области уровни воды были уже выше опасных на 0,22-1,74 м. Но превышения исторических максимумов (в сравнении с отметками всего периода наблюдений) мы здесь не наблюдали.

7. Нарастание масштабов наводнения (Еврейская автономная область и Хабаровский край)

Основной амурский паводок, смещаясь вниз по течению, принимал в себя большую воду основных южных притоков – Сунгари (КНР), Уссури, а также многочисленных небольших притоков. На рисунке 13 представлена сравнительная характеристика наводнений 1984г. (последнего из наблюдавшихся катастрофических по принятой в гидрологии градации) и 2013г.

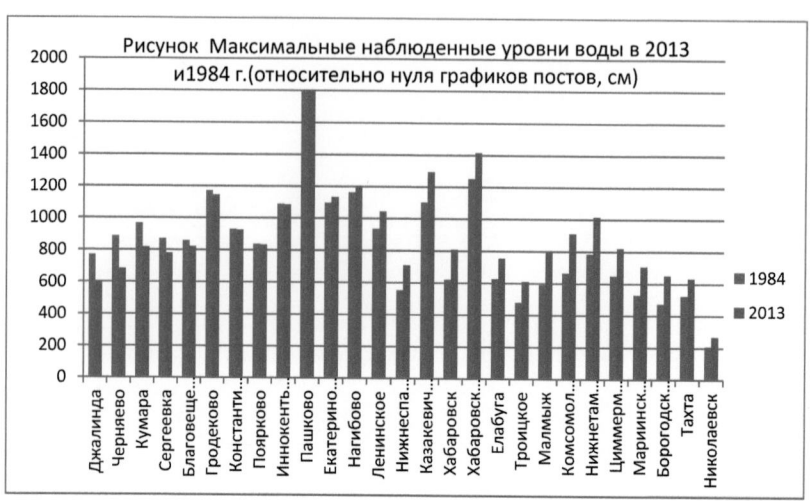

Рисунок 13. Сравнительная характеристика уровней Амура в 1984 и 2013гг. Уровни – над нулями графика постов

Видно, что на участке Среднего Амура от г.Благовещенск до с.Екатерино-Никольское паводок шёл, практически совпадая с паводком 1984 года. Ниже по течению уровни Амура в 2013 году были существенно выше. Как крупные, так и небольшие притоки Амура с российской, и с китайской стороны в 2013 году были более многоводными, так как зоны осадков при хорошей предшествующей увлажнённости продолжали охватывать бассейн при смещении основного паводка.

8. Регулирование стока Бурейским водохранилищем

Сток одного из многоводных (в бассейне Амура с самым большим модулем стока) притоков – Бурея – практически полностью (92 % площади) зарегулирован. Бурейское водохранилище, в отличие от Зейского – сезонного (полного годичного) регулирования, его ёмкость не позволяет принимать большие объемы воды. Тем не менее, до 19 августа оно наполнялось (рисунок 14).

Рисунок 14. Хронологические графики расходов притока в Бурейское водохранилище и сброса Бурейской ГЭС.

В той ситуации, когда практически при смещении гребня паводка пришлось, в соответствии с «Временными правилами использования водных ресурсов Бурейского водохранилища на р.Бурее на период май 2013–апрель 2014г.», срабатывать водохранилище, оптимальным было бы наличие контррегулятора, но Нижнебурейская ГЭС только строится. В целом за паводок Бурейское водохранилище снизило приток в Амур почти на 5 км³, выполняя задачу по аккумуляции паводка с целью снижения ущербов от затоплений.

9. Характеристика амурского паводка в Еврейской автономной области и Хабаровском крае

Ниже впадения Сунгари (у с.Ленинское) уровень Амура был уже более чем на метр выше, чем в 1984 году. Как Сунгари, так и Уссури в 2013 году были более многоводными. Максимальный расход Сунгари у с.Цзямусы составил 13300 м³/с 31 августа. Из последних лет большая водность Сунгари наблюдалась лишь в 1998 году (с максимальным расходом 16 200 м³/с), а самый многоводный в низовьях Сунгари 1960 год характеризовался расходом 18 400 м³/с. В таблице 5 представлена сравнительная характеристика вклада рр.Буреи, Сунгари и Уссури в сток Амура у Хабаровска.

Сравнительная характеристика вклада притоков восточной части бассейна в сток
Амура у Хабаровска

Приток Амура	Вклад в максимальный сток Амура у Хабаровска (%)	
	1984	2013
Бурея	5	6
Сунгари	18	30
Уссури	10	16

Паводки этих рек также смещались, накладываясь практически своими максимумами на гребень основного амурского паводка. Масштабы затоплений становились все более значительными (рисунок 15-фото)

Рисунок 15.Одна из центральных улиц г.Хабаровска – ул.Пионерская. 31.08.02013

Здесь нельзя вновь не сказать о сотрудничестве с КНР. В 1985 году Росгидромет и Минводхоз КНР подписали соглашение, по которому все эти годы мы осуществляем взаимный обмен данными об уровнях, расходах воды, осадках, ледовых явлениях, а при достижении критических отметок – прогнозами опасных уровней воды. Выбраны необходимые для каждой стороны пункты обмена. В этом году китайские коллеги дали хороший прогноз максимального расхода р.Сунгари в ее низовьях. Кроме того, в дополнение к регулярному обмену данными, по оперативным просьбам китайской стороны в период наводнения мы предоставляли дополнительно данные о режимах Зейского и Бурейского водохранилищ, китайские гидрологи передавали оперативную информацию о режимах водохранилищ Ниэрцзи на р.Нонни и Гиринском (Феньманском). В соответствии с Протоколом V заседания Совместной российско-китайской комиссии по рациональному использованию и охране трансграничных вод от 13 декабря 2012 года, разработан упрощённый порядок перехода государственной границы, и китайская сторона измеряла расходы воды на трансграничных водных объектах. Безусловно, в ситуации исторических паводков это очень ценные данные. По нашей просьбе китайские коллеги частично нам эти оперативные данные передавали. (В 2014 году российская сторона также проводит комплекс гидрометрических работ на 7 створах Амура и Уссури).

Амур на участке ниже впадения Сунгари представляет собой сложнейшую пойменную систему, и распределение стока в периоды формирования таких высоких паводков, когда глубина затопления поймы составляет 3-6 метров – это предмет отдельных научных исследований.

Русловые процессы и характеристики поймы на отдельных участках, особенно у Хабаровска, представляющего самый сложный гидрологический узел, уже активно изучаются с различными целями, но необходим комплекс работ, возможно, с натурным моделированием отдельных, самых заселённых участков. Пока специалисты на практике этого года убедились в том, что смещение паводка при заполнении и опорожнении участков обширной поймы с различными формами (незавершенным меандрированием, пойменной многорукавностью и другими) – сложнейший для прогнозирования процесс.

Кроме того, пойма Среднего Амура достаточно плотно и с российской, и с китайской стороны заселена, осваивается в хозяйственном отношении, последние годы активно ведутся берегоукрепительные работы, возводятся защитные дамбы, набережные. Все это также оказало влияние на величины максимальных отметок паводка. На участке более чем 1000 км (от с.Нагибово в ЕАО до с.Тахта в Хабаровском крае) максимальные отметки превысили исторические максимумы на 0.40-2.11м (таблица 6).

Таблица 6

Характеристика высших уровней воды паводка на реках бассейна р.Амур. Отметки – над нулями графика постов (http://dalgidromet.ru)

Пункт	Высшие уровни паводка 2013 года, см (даты)	Максималь-ные уровни за период наблюдений (историчес-кие), см, (год)	Превышение уровней 2013 года над исторически-ми, м	Отмет-ка опасно-го явле-ния (ОЯ), см	Превыше-ние высших уровней 2013 года над ОЯ, м	Отмет-ка выхода воды на пойму, см	Глубина затопле-ния поймы, м
Еврейская АО, р.Амур							
Пашково	1802 (24 августа)	1803 (1984)	-	1600	2,02	1300	5,02
Екатерино-Никольское	1132 (24 августа)	1138 (1928)	-	1000	1,32	800	3,32
Нагибово	1202 (24-25 августа)	1162 (1984)	0,40	1100	1,02	800	4,02
Ленинское	1044 (29-31 августа)	935 (1984)	1,09	850	1,94	620	4,24
Нижнеспас-ское	710 (2-3 сентяб-ря)	566 (1959)	1,44	500	2,10	250	4,60
Хабаровский край, р.Амур							
Казакевичево (Ам.протока)	1296 (3-4 сентяб-ря)	1111 (1959)	1,85	-	-	850	4,46
Хабаровск	808 (3-4 сентяб-ря)	642 (1897)	1,66	600	2,08	300	5,08
Елабуга	756 (5 сентяб-ря)	637 (1959)	1,19	550	2,06	300	4,56
Троицкое	610 (9 сентяб-ря)	502 (1951)	1,08	450	1,60	250	3,60

Малмыж	794 (12 сентября)	613 (1951)	**1,81**	560	**2,34**	270	5,24
Комсомольск-на-Амуре	912 (12 сентября)	701 (1959)	**2,11**	650	**2,62**	300	6,12
Нижнетамбов-ское	1016 (13-14 сентября)	861 (1951) 888* (1957)	**1,55**	750	**2,66**	450	5,66
Циммермано в-ка	821 (15 сентября)	678 (1959) 835* (1957)	**1,43**	750	**0,71**	420	4,01
Мариинское	707 (18-19 сентября)	617 (1915)	**0,90**	550	**1,57**	250	4,57
Богородское	651 (18 сентября)	551 (1960) 604** (1973)	**1,00**	500	**1,51**	180	4,71
Тахта	632 (23 сентября)	578 (1995) 708* (1957)	**0,54**	550	**0,82**	390	2,42
Николаевск–на-Амуре	266 (26 сентября	271 (1988) 417** (1957)	-	300	-	150	1,16
Хабаровский край, р.Уссури							
Лончаково	389 (30 августа)	525 (1904)	-	500	-	240	1,49
Шереметьево	853 (31 августа – 1 сентября)	973 (1971)	-	950	-	710	1,43
Венюково	453 (31 августа – 2 сентября	547 (1971)	-	520	-	250	2,03
Новосоветско е	755 (2-3 сентября)	727 (1971)	**0,28**	700	**0,55**	410	3,45

* - уровни воды заторного происхождения.

** - уровни воды при весеннем ледоходе.

Причём продолжительность стояния таких высоких уровней (с превышением исторических максимумов и опасных отметок) составила у крупных городов около и более месяца (рисунки 16-17), а продолжительность затопления поймы на глубины 2-4 метра - до двух и местами более месяцев.

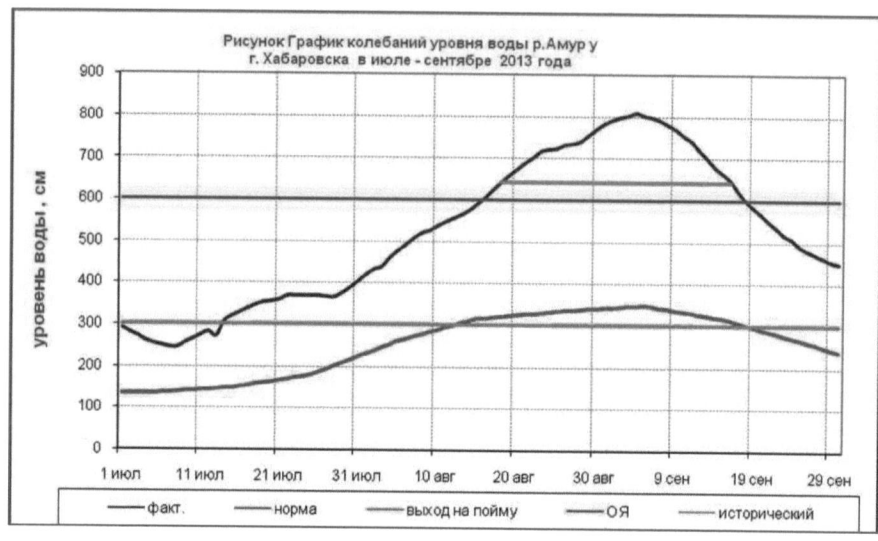

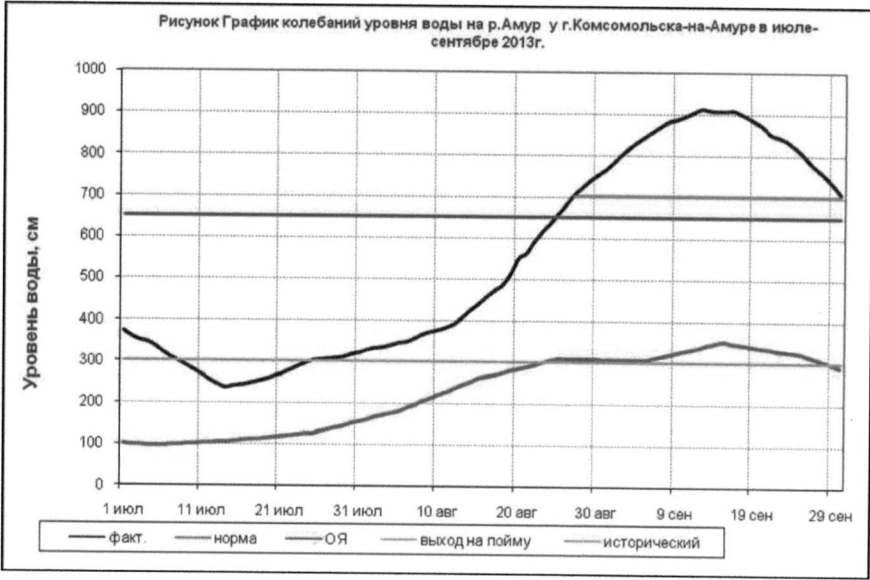

Рисунки 16-17. Хронологические графики уровней воды (над нулями графика постов) в период прохождения паводка

Активно велись мероприятия по защите населения (рисунок 18-фото).

66

Рисунок 18. Хабаровск, переулок Бассейный. 31.08.2013

Во время прохождения гребня паводка на трех створах Нижнего Амура гидрологами Дальневосточного УГМС совместно со специалистами Государственного гидрологического института были измерены расходы воды.

Практически сразу началась работа по проектированию защитных сооружений, появилась оперативная необходимость внесения изменений в существующие проекты, очень актуально это для Хабаровска, где активно застраиваются прибрежные территории, а также для Комсомольска-на-Амуре. В связи с этим в Государственном гидрологическом институте Росгидромета были пересчитаны значения уровней 1% и 0,1% обеспеченностей по постам Хабаровск и Комсомольск-на-Амуре, разница между прежними и с учётом паводка 2013 года составила 0,74-1,33 м в сторону повышения. Расчёты обеспеченностей уровней и расходов воды по другим пунктам будут продолжаться в соответствии с нормативными документами. Все эти работы позволили оценить статистическую повторяемость паводка на участке Амура ниже впадения р. Сунгари как 1 раз в 200-250 лет. Объем стока за этот выдающийся паводок (около 300 км^3) близок к годовому объёму стока Амура в средний по водности год.

Нельзя здесь не отметить, что строительство противопаводковых сооружений может повлечь за собой и дополнительное повышение уровней воды в реке при прохождении паводков и сказаться на динамике русловых процессов. Поэтому проектирование защитных сооружений требует глубокого научного обоснования, проведения детальных гидравлических и гидродинамических исследований русла и поймы р. Амур, математического и физического моделирования прохождения паводков редкой повторяемости с оценкой зон затопления и эффективности противопаводковых сооружений.

Заключение

Несмотря на бедствия, принесённые наводнением, оно представляет огромный интерес для специалистов, в первую очередь – гидрологов, и требует глубокого научного анализа и осмысления. Оно позволяет не теоретически, а на фактическом материале выделить природные и антропогенные факторы формирования и прохождения волны паводка по бассейну, оценить вероятные в будущем параметры паводков и масштабы возможных затоплений.

Оперативная работа в части полномочий Росгидромета в период формирования опасных явлений была проведена на должном уровне Наводнение в очередной раз показало высокий профессионализм и слаженность работы всех специалистов, начиная с наблюдателей сети, которые длительный период выходили на реку каждые 3-4 часа, и заканчивая руководителями самого высокого уровня. Нельзя не отметить и хорошее взаимодействие с другими ведомствами и организациями – МЧС, Росводресурсами, РусГидро, органами власти всех уровней.

Главные выводы, которые позволяет сделать анализ причин, развития и последствий наводнения, состоят в следующем.

1. Статистическая повторяемость амурского паводка 2013 года на участке ниже впадения р. Сунгари оценивается как 1 раз в 200-250 лет. Объем стока за этот паводок (около 300 км^3) близок к годовому объёму стока Амура в средний по водности год. Паводок привёл к масштабному и продолжительному наводнению, которое явилось выдающимся гидрологическим событием.

2. Причинами, его вызвавшими, стали природные факторы: переувлажнение бассейна как осенью 2012 года, так и весной 2013; количество осадков в мае-августе на большей части водосбора, превышающее даже годовую норму; синхронный вклад основных притоков в сформировавшийся в августе на западе бассейна Амура паводок.

3. Зейское и Бурейское водохранилища на территории РФ сыграли положительную роль в снижении максимальных уровней Зеи и Амура, выполнив свою задачу по снижению ущерба от наводнений.

4. Пойма Среднего Амура достаточно плотно и с российской, и с китайской стороны заселена, осваивается в хозяйственном отношении, последние годы ведутся берегоукрепительные работы, возводятся защитные дамбы, мосты, дороги, набережные. Все это оказало влияние на величины максимальных отметок паводка на отдельных участках.

5. Активные русловые процессы приводят к изменению гидроморфологических условий. Особенности заполнения и опорожнения обширной поймы Амура на участке ниже впадения р.Сунгари при ее затоплении на глубину до 6 метров также повлияли на ход уровней воды.

6. Необходимо внесение изменений в проекты сооружений на берегах Амура с учетом пересчитанных уровней воды заданной обеспеченности.

7. Проектирование защитных сооружений требует глубокого научного обоснования с оценкой их эффективности.